Winfried Nouč   Die Dogge

Winfried Nouč

Die Dogge

Die Deutsche Dogge

Verlagsgesellschaft Rudolf Müller
Köln-Braunsfeld

Die Kapitel »Hundekrankheiten« und »Ernährung« wurden von Dr. med. vet. Peter Brehm verfaßt.

CIP-Kurztitelaufnahme der Deutschen Bibliothek

Nouč, Winfried
Die Dogge
[die Kap. Hundekrankheiten und Ernährung wurden von Peter Brehm verf.]
9.—16. Tsd. 1981
Köln-Braunsfeld: R. Müller 1981
(dein hund)

ISBN 3-481-26621-9

1.– 8. Tausend 1977
9.–16. Tausend 1981

ISBN 3-481-26621-9

Verlagsredaktion: Ingeborg Roggenbuck
Umschlaggestaltung: Hans-Dieter Kluth, Erftstadt
Gesamtherstellung: Druckhaus Rudolf Müller, Köln
Printed in Germany

Vorwort

Die Deutsche Dogge ist eine Hundepersönlichkeit von besonderer Art; vielseitig, angenehm zu halten, von unverbrüchlicher Treue und dabei von bestechendem Äußeren — ein Apoll unter den Hunden.
Wer sie kennt und versteht, findet in ihr den besten Kameraden der Welt.
Die Zahl der Doggenfreunde ist in den vergangenen Jahren stark angewachsen. Viele haben sich zum Kauf dieses edlen Tieres entschlossen und sind erfreulicherweise besten Willens, alles zu tun, um ihrem Hund ein angenehmes Dasein zu verschaffen. Andere würden sich gern zum Kauf entschließen, wenn nicht immer noch bestehende Vorurteile sie davon abhielten. Dieses Buch, aus Liebe und Zuneigung zur Deutschen Dogge entstanden, soll mitwirken, Irrtümer und Mißverständnisse auszuräumen. Es soll den Neulingen helfen, Fehler in der Auswahl, in der Haltung, Erziehung und Ernährung ihrer Dogge zu vermeiden und ihnen einen kleinen Einblick verschaffen in ihre rechtliche Stellung mit ihrer Dogge zu einer nicht immer hundefreundlichen Umwelt. Ein besonderes Kapitel ist der Gesundheit dieser Rasse gewidmet und den bei ihr auftretenden Krankheiten. So will dieses Buch zwar keine kynologischen Fachbücher verdrängen, doch möchte es den Anspruch erheben, auch für den erfahrenen Doggenbesitzer noch wertvolle Ergänzung zu seinem bisherigen Wissen zu vermitteln.
Mit einer Reihe von zeitgenössischen Abbildungen und neuen Fotos möchte ich außerdem dazu beitragen, die Erkenntnisse über die Rasse unseres Herzens zu erweitern und die Liebe zu unserer Deutschen Dogge zu vertiefen.
Wenn mir das gelingen sollte, dann ist der Zweck dieses Buches erfüllt.

Roetgen, Buchenhof, im September 1977 Winfried Nouč

Inhalt

Unsere Dogge – woher sie kam – und wie sie wurde

Urhunde

Die Wissenschaft hat sich seit der letzten Hälfte des vergangenen Jahrhunderts bemüht, Aufschlüsse über die Entwicklung unserer Haushunde zu finden. In den großen Abfallhaufen der Kjökkenmöddiger (Muschelesser) entdeckten sie die Skelette der Übergangsformen vom Wolf zum Hund. Funde von Hundeknochen, die bei Ausgrabungen zutagegefördert wurden und altersmäßig etwa auf 8000 bis 10 000 Jahre geschätzt werden, ließen bereits die Vielfalt der nachfolgenden Formen des Hundes erkennen. Man hat diesen Urhunden einprägsame Namen gegeben wie Bronzehund, Aschenhund, Torfhund, Pfahlhausspitz, Lagerhund, Wolfshund. »Quot canes tot colores. So viele Hunde, so viele Farben.« Oder noch besser, so viele Farben und so viele Formen, die sich, durch natürliche und menschliche Zuchtwahl begünstigt, aus diesen Urtypen im Laufe der verschiedenen Kulturepochen entwickelten.
Uns interessiert hiervon nur die Gruppe der doggenartigen Hunde. Dabei wollen wir nicht in den Fehler verfallen, den Ursprung unserer Dogge in direkter Abstammung zu der einen oder anderen Urhundform zu sehen und den Stammbaum eines jetzt gewölften Welpen in vorgeschichtliche Zeiten zurückzuführen.

Doggenartige Hunde

Die Kynologen rechnen zu den Doggenformen ganz allgemein zunächst Rassen mit kräftigem Gliederbau, breitstirnigem Kopf, sehr stark entwickeltem Schnauzenteil bei tief herabhängenden Lefzen und Neigung zur Faltenbildung der Kopfhaut. Sie begegnen uns in den heutigen Rassen der Tibetdogge, des Mastiffs, des Boxers, der Bordeauxdogge, der Deutschen Dogge, des Neufundländers, des Bernhardiners, Hovavarts und des Leonbergers. Doch solche Formen finden sich auch bei den kleineren Rassen, zum Beispiel beim englischen Mops und bei der französischen Bulldogge, so daß doggenartig nicht gleichbedeutend mit Größe sein muß.

Jagd- und Kampfhunde der Assyrer

Die älteste Abbildung eines doggenartigen Hundes liefert uns eine Reliefplatte aus einem im 12. Jahrhundert v. Chr. erbauten babylonischen Tempel, welcher 380 v. Chr. durch Nebukadnezar erneuert wurde. Wir sehen hier einen gewaltigen doggenartigen Hund, der von einem Assyrer an geflochtenem Riemen geführt wird. Dieser assyrische Kampfhund ist sehr ähnlich dem heutigen Tibethund und trotz seiner scheinbar kurzen Behaarung mit diesem identisch. Überhaupt scheint das Hochland von Tibet der Ausgangspunkt aller doggenartigen Hunde gewesen zu sein. Denn immer wieder erwähnen die Schriftsteller des Altertums die indischen Hunde, welche zuerst von Assyrern und Persern, später von Griechen und Römern gehalten wurden. Es ist anzunehmen, daß mit diesem indischen Hund der Hund von Tibet gemeint ist, welcher am Fuße des Himalaja in Indien vorkam.
Alexander der Große hat von seinem Zug nach Indien doggenartige Hunde als Geschenk mitgebracht, die dann auf griechischem Boden die berühmt gewordene Zucht der Molosser begründeten. Später wurden diese Hunde von Griechenland aus in den römischen Kulturkreis abgegeben, und zu Beginn der Zeitrechnung gelangten Molosser-Hunde über die Alpen in die Länder Mittel- und Westeuropas.

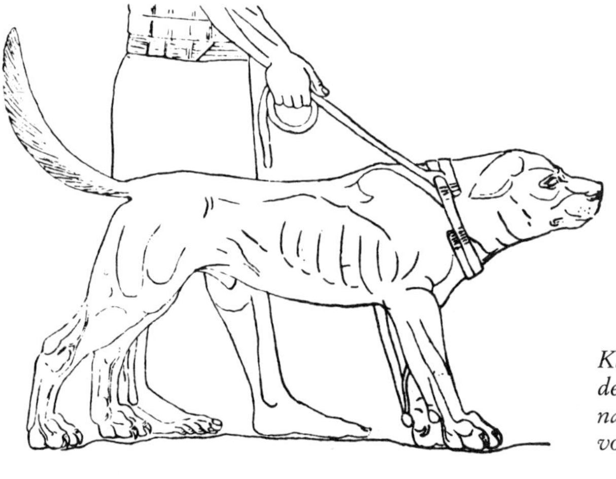

Kampfhund der Assyrer nach einer Zeichnung von Strebel.

Es liegt auf der Hand, daß die kulturell so hochstehenden Römer auch bereits kynologisch Rassenzucht betrieben und neben den schweren Kampfhunden leichtere, doggenartige Formen zur Jagd heranzüchteten. Daneben importierten sie bereits die vielfach gerühmten britannischen Hunde, die in römischen Arenen als Kampfhunde gegen die Molosser Nordgriechenlands eingesetzt wurden. Die Auswahl dieser Hundegladiatoren traf ein eigens von den Römern dafür eingesetzter »procurator cynogie« mit Sitz in Winchester. Es ist zu vermuten, daß diese später in ganz Europa so berühmt gewordenen Hunde Nachkommen der von den Kelten mit nach England und Irland eingeführten Hunde waren, die in ihrer neuen Heimat mit dem Irischen Wolfshund gekreuzt wurden.
Aus Schädelfunden großer Hunde ist erwiesen, daß es zur gleichen Zeit auch doggenartige Hunde in Mittelrußland, Polen und Mitteldeutschland gab. Von den Germanen wissen wir, daß große, doggenartige Hunde sie auf ihren Kriegszügen begleiteten und sich besonders bei der Verteidigung der Wagenburgen hervortaten. In den alemannischen Gesetzen des 7. Jahrhunderts n. Chr. stoßen wir bereits auf eine Anzahl von Hundetypen, die zur Jagd eingesetzt wurden. Das Töten dieser Hunde war unter Strafe gestellt. »Wenn jemand einen guten Saurüden, der Schweine fängt, einen Bärenfänger, welcher Bären faßt, oder welcher die Kuh und den Stier packet, tötet, so wird er mit drei Solidis gebüßt.«

Die Hatzrüden des Mittelalters

Die Geschichte der Hunde des Mittelalters ist verbunden mit den Jagdgepflogenheiten jener Tage. Fürstliche Jäger, hoch zu Roß, eine Meute von Hunden mit sich führend, die Mannschaft ganzer Dörfer zu Treiberdiensten verpflichtet, so machte man Jagd auf Wildschwein, Bär und Wolf, die in großen Mengen in den ausgedehnten Wäldern Mitteleuropas auftraten. Es war die Zeit, die uns Riedinger und van Dyck in glänzenden Bildern vor Augen geführt haben. Die ersten Berichte über die Hatzrüden finden wir in den Beschreibungen der Jagden Landgraf Philipps des Großmütigen von Hessen, welcher ein äußerst leidenschaftlicher Jäger war. Die hier erwähnten englischen Hunde waren hochläufige, starke Tiere, welche Anfang des 16. Jahrhunderts von den fürstlichen Höfen des Kontinents aus England bezogen wurden. Entstanden waren sie aus einer Kreuzung des Mastiff mit dem irländischen Windhund. Den Zwinger, in welchem sie gehalten wurden, nannte man den englischen

Hatzhund des Mittelalters nach Täntzer.

Stall, während die Hunde selbst unter den Namen Rüden, Hatzrüden, Saufänger oder Saupacker bekannt waren. Johann Täntzers »der Dianen hohe und niedere Jagtgeheimnis« (1699) gibt uns eine sehr eingehende Schilderung dieser großen Doggenarten. Um diese wertvollen Hunde bei der Jagd vor Verletzungen zu bewahren, wurden ihnen besondere Panzer angelegt. Täntzer beschreibt diese Jacken als aus braunem Parchen oder Baumseide bestehende, wohlgefütterte, ausgestopfte Panzer, welche an Brust und Bauch des Hundes mit Fischbein ausgelegt waren. Nach Täntzer wählten die »großen Herren« aus ihren Meuten die schönsten und größten als Leit- und Kammerhunde, die silberne und silbervergoldete Halsbänder trugen, die mit Samt gefüttert und mit kostbaren Fransen besetzt waren. Von der Leistungsfähigkeit dieser Hatzrüden des Mittelalters zeugen die ungeheueren Strecken, welche die Jagden des Landgrafen Philipp und Wilhelm IV. im Habichtswald, Reinhardswald und Kaufunger Wald lieferten. Im Jahre 1559 schrieb Landgraf Philipp an den Herzog Christoph von Württemberg: »In dieser Schweinehatz haben wir mit unseren Hunden, die wir selbst gezogen, gute Lust gehabt und über 1120 Saue gefangen.« Wie gefährlich diese Jagden mitunter für die beteiligten Jäger waren, ersehen wir aus einem Schreiben Landgraf Philipps IV. In jenem Schreiben beklagt er den Tod seines frömmsten Kammerjunkers, Claus Rantzau, welcher mit dem Spieß in die Suche gegangen und von einem Keiler angenommen wurde, der ihm die große Ader des linken Schenkels mit den Gewehren aufgerissen und ihn so getötet hatte. Große Verluste erlitt man natürlich an den Rüden selbst. »Wer Schweinsköpfe haben will, muß Hundsköpfe dranwenden«, sagte ein Sprichwort der damaligen Zeit. Im Laufe des 18. Jahrhunderts hörte der Import englischer Hunde allmählich auf; man gab einheimisch gezüchteten Hunden den Vorzug. Der Grund mag aber auch darin zu suchen sein, daß mit dem geringer werdenden Wildbestand und dem Gebrauch der Feuerwaffen große Hundemeuten nicht mehr benötigt wurden. Hatz- oder Hetzhunde wurden nur noch in kleinerer Anzahl an den Jägerhöfen der fürstlichen Domänen gehalten. Anfang des 19. Jahrhunderts gingen diese Hunde immer mehr in privaten Besitz über.

Was nun das Exterieur der mittelalterlichen Hatzrüden betrifft, so finden wir alle Farbschläge unserer heutigen Deutschen Dogge, wie dies aus den Überlieferungen damaliger Jagdschriftsteller hervorgeht. Der ursprüngliche Typus erhielt sich am längsten in Hessen in Form eines gelben Schlages. »Herr Wildmeister Otto-Kassel, der vom Jahre 1860 bis 1870 dem Kurhessischen Jägerhof als Hofjäger angehörte, hat die Güte, mir noch einige Einzelheiten über die letzten ihres Stammes mitzuteilen. Danach waren es energische Hunde von gelber, rotgelber, gewölkter Farbe und schwarzem Fang und zum großen Teil hohe und flüchtige Tiere, welche ausschließlich zum Fangen außerhalb der Suche von Sauen verwendet wurden« (Göschel).

19. Jahrhundert – Ein Name wird zum Begriff

Es gibt wohl kaum eine andere Hunderasse, deren Name soviel Verwirrung stiftete: Saupacker, Hatzrüden, Fanghunde, Dänische Dogge, Ulmer Dogge, Tigerdogge und Bismarckdogge waren die Namen, unter denen die Dogge in der Mitte des 19. Jahrhunderts bekannt war. Hier begegnen sich altüberlieferte Namen mit denen örtlicher Zuchtgebiete. Süddeutschland, hier vor allem Württemberg, wurde bekannt durch die Zucht der weiß-schwarz gefleckten Dogge, genannt Ulmer Dogge. Die Züchter des norddeutschen Raumes favorisierten die blauen und gelben Farben, von Laien auch heute noch häufig als Dänische Doggen bezeichnet.

Wie es zu der Bezeichnung »Tigerdogge« für unsere weiß-schwarz gefleckten kommt, ist nicht ganz ersichtlich. Vielleicht leitet sich der Name ab

Saujagd nach Snyders.

von jenen großen Doggen dieses Farbschlages, die, wie berichtet wird, mit Tigern zusammen in zoologischen Gärten gehalten wurden oder in Zirkusarenen auftraten. Möglich ist auch, daß sich der Nāme ableitet von den Scheckenpferden, wie wir sie im Apaloosa oder Indianerpferd finden (tiger horse).

Mitte des 19. Jahrhunderts wird Deutschland von der von England ausgehenden Mode des »Hundesports« erfaßt. Die erste deutsche Hundeausstellung findet 1863 in Hamburg-Altona statt. Zu dieser Veranstaltung erscheinen ebenfalls Doggen, und zwar sind acht von ihnen gemeldet als Dänische Doggen und sieben als Ulmer Doggen.

Auch auf den folgenden Ausstellungen in Hamburg (1869 und 1876) und Hannover (1879) wird in dieser Unterscheidung gerichtet, obwohl 1876 bereits eine Gruppe von Richtern erklärt, daß es unmöglich sei, diese Einteilung beizubehalten, da es sich hier um ein und dieselbe Rasse handele. Ihr Vorschlag: alle Farben unter einer gemeinsamen Bezeichnung »Deutsche Dogge« zusammenzufassen. Die endgültige Entscheidung hierzu fällt allerdings erst im Jahre 1880 in Berlin, als unter dem Vorsitz

von Dr. Bodenius in einer Richterversammlung der Name »Deutsche Dogge« festgelegt wird.
Wir dürfen stolz darauf sein, daß dieser Name zu einem kynologischen Markenzeichen geworden ist und Deutschland von allen Mitgliedsländern der weltweiten Fédération Cynologique Internationale (FCI) als Ursprungsland dieser Rasse anerkannt wird. Doch keine Rose ohne Dornen. In Frankreich und in den angelsächsischen Ländern wird unsere Dogge immer noch als »Grand Danois« oder »Great Dane« bezeichnet, also »großer Däne«. Warum gerade dieser Name, der im übrigen zum ersten Male von dem französischen Naturalisten Buffon (1707—1788) literarisch verwendet wird, Eingang gefunden hat, wird wohl immer ein Rätsel bleiben. Es gibt jedenfalls keinen Hinweis dafür, daß Dänemark an der Schöpfung und Formung dieser Rasse einen besonderen Anteil hat. Ich vermute, daß hier politische Ressentiments zu einer abweichenden Namensgebung geführt haben; eine Reaktion unserer westlichen Nachbarn auf das im Deutschland jener Tage zur Schau gestellte Nationalbewußtsein.
Im Jahre 1870/71 wurde der Deutsch-Französische Krieg von Preußen gewonnen und König Wilhelm I. von Preußen im Schloß zu Versailles zum Deutschen Kaiser ausgerufen. Gründer dieses ersten Deutschen Reiches war der Reichskanzler Fürst Otto von Bismarck, ein Mann, dessen Liebe seit seiner frühesten Jugend der Dogge galt. Was lag also näher, als bei der Namensgebung für eine große majestätische Rasse den Namen »Deutsch« zu wählen und die »Deutsche Dogge« zum Nationalhund zu erklären.

Anekdoten: Bismarck und seine Doggen

Fürst Otto von Bismarck war bekannt für seine Bewunderung dieser Rasse, und er besaß auch einige Hunde (Deutsche Doggen). Einer von ihnen verursachte fast einen internationalen Zwischenfall, als er einem russischen Diplomaten seine Abneigung bekundete. Zwischen dem deutschen Kanzler und dem russischen Premierminister Gortschakoff war eine lebhafte Unterhaltung im Gange. Der letztere gestikulierte viel heftiger als gewöhnlich, was die Dogge Tyras, die auf ihrer Decke lag, dazu verleitete, einen Angriff auf ihren Herrn zu vermuten. Sie sprang den stolzen Russen an und warf ihn zu Boden. Viele Entschuldigungen wurden vorgebracht und auch angenommen. Gortschakoff war nicht

Reichskanzler
Otto von Bismarck
mit seiner Dogge »Tyras«.

Der Landedelmann
mit seiner Dogge.

gebissen, sondern nur erschreckt worden; so blieb der Friede in Europa ungestört.

Wenn eine andere Deutsche Dogge des Fürsten Bismarck, Sultan, irgend jemand nicht mochte, pflegte der Kanzler diese Beurteilung in seiner Entscheidung zu berücksichtigen.

... als Jura-Student und Beamter in Berlin, während seiner Reisen in viele Länder, während seiner diplomatischen Karriere in Frankfurt, St. Petersburg, Paris und anderswo, auch in Varzin und Friedrichsruh, hat Bismarck immer die Gesellschaft eines oder mehrerer seiner bevorzugten Hunde gehabt. Wahrscheinlich war Sultan, der 1877 in Varzin starb, seine Lieblingsdogge.

Von allen Hunden, die einen Platz in der Geschichte haben, ist Tyras — die berühmte Ulmer Dogge des deutschen Kanzlers — der einzige, dessen Tod für so wichtig gehalten wurde, daß er als Ereignis nicht nur von europäischem, sondern von kosmopolitischem Interesse durch die ganze Welt gekabelt wurde. Tatsächlich endete der Ruf von Tyras nicht einmal mit seinem Leben; denn das Kabel hat der Welt dann berichtet, daß der erste Besucher danach am Geburtstag des Fürsten der jugendliche Kronprinz war, der als Geschenk einen neuen Hund vom Typ des betrauerten Tyras mitbrachte.

Fast 60 Jahre lang besaß Fürst Bismarck Exemplare Deutscher Doggen, und darunter gewöhnlich eine oder sogar mehrere von außergewöhnlicher Größe. Sein erster Hund, den er bekam, als er mit seinen Eltern in Kniephof lebte, war einer der größten, den man je sah, und galt als furchteinflößend bei den Bauern der Umgebung. Dieser Hund begleitete seinen jungen Herrn später auf die Universität nach Göttingen, wo er sich schnell einen Namen machte. Als Bismarck einmal vor den Rektor zitiert wurde, weil er eine leere Flasche aus dem Fenster geworfen hatte, nahm er seinen gewaltigen Hund mit zum großen Schrecken des ehrwürdigen Herrn, der prompt seine Zuflucht hinter einem Lehnstuhl fand, wo er auch blieb, bis der Hund aus dem Zimmer entfernt wurde.

Bismarck wurde zu einer Geldstrafe von fünf Talern verurteilt, weil er dieses »furchtbare Biest« in das Heiligtum des Rektors gebracht hatte, zusätzlich zu der Strafe, die ihm für das ursprüngliche Vergehen zugemessen wurde.

Die Deutsche Dogge unserer Tage

Die verschiedenen Farbschläge

Die Deutsche Dogge wird heute in fünf anerkannten Farben — Weiß/Schwarz gefleckt, Schwarz, Blau, Gelb und Gelb/gestromt — gezüchtet. Diese Farben dürfen jedoch in der Zucht nicht beliebig miteinander vermischt werden. Sie werden zu drei Gruppen oder Farbvarietäten — Weiß/Schwarz gefleckt und Schwarz, Blau, Gelb und Gelb/gestromt — zusammengefaßt.
Von allen Farben ist wohl die Zucht des gefleckten Farbschlages am schwierigsten. Man hat diese Zucht scherzhafterweise auch oft die Zucht für Millionäre bezeichnet. Die Züchter dieser Farbe begeben sich gewissermaßen in ein Lotteriespiel. Die Zusammenführung von gutgefleckten Elterntieren kann durchaus dazu führen, daß nicht ein einziges gutgeflecktes Tier erscheint, sondern der Wurf aus schwarzen Tieren oder sogar aus sogenannten Fehlfarben besteht, die wir Grautiger, Porzellantiger und Albinos nennen. Der Leser möge hierüber mehr in den Rassekennzeichen nachlesen. Wir wollen hier nicht untersuchen, warum das so sein kann. Die Vererbung von Farben und dem überdies bei diesem Farbschlag hinzutretenden Merlefaktor ist ein Kapitel für Fachleute.
Der gelb/gestromte Farbschlag ist farblich »relativ« einfach zu züchten. Das Ergebnis eines Wurfes läßt sich in dieser Hinsicht vorbestimmen. Gelb mit Gelb gepaart wird immer wieder gelben Nachwuchs ergeben, der sich lediglich in den Schattierungen von Gelb unterscheidet. Man bezeichnet das als rezessiven Erbgang, beide Elterntiere besitzen nur Gene der gelben Farbe. Die Züchter haben die Erfahrung gemacht, daß die Farbe verblaßt und fahl wird, wenn nur immer wieder Tiere derselben Farbe zusammengebracht werden. Deshalb kreuzen sie zur Pigmentauffrischung immer in bestimmten Abständen Gelb mit gestromt. In dem Wurf sind dann gelbe und gestromte Welpen zu erwarten. Gestromt mit Gestromt gepaart ergibt in der Regel gelbe und gestromte Welpen. Züchter, die nur gestromte Doggen untereinander paaren, haben zu erwarten, daß die schwarze Stromung immer dichter zusammenwächst

und die verbleibende Grundfarbe fahl oder aschig wird. Beides sieht unschön aus. Daher wird auch hier immer wieder im Wechsel von Gelb und gestromt gezüchtet. Wenn Sie sich als Käufer einmal solch einen gerade geborenen Wurf dieses Farbschlages ansehen, erschrecken Sie nicht, die Kleinen wirken farblich gesehen »schmuddelig-aschig« und haben oft einen dunklen Aalstrich auf dem Rücken. Mit zunehmendem Alter werden Farbe und Zeichnung immer klarer.
Wie die gelben Doggen, so besitzen auch die blauen nur einen Farbstoff. Blau mit Blau gepaart ergibt daher immer wieder blaue Welpen. In der Vergangenheit hat das bei einer kleinen Zuchtbasis zu Inzuchtschäden geführt. Man hat daher von Zeit zu Zeit in diesen Farbschlag eine Gelbeinkreuzung vorgenommen. Durch diese wohldosierte Fremdeinkreuzung wurden nicht nur Fehler beseitigt, sondern es hat auch zu dem Ergebnis geführt, daß sich der Typ dieses Farbschlages verbessert hat. Traf man sonst auf blaue Doggen, die sehr schlank im Körperbau waren und zarte, fast an den Dobermann erinnernde Köpfe trugen, so finden sich heute durchweg Tiere, die zu dem eleganten Körperbau den markanten Kopf tragen, wie er bei den Exemplaren des gelb/gestromten Farbschlages vorherrscht. Eine sogenannte Gelbeinkreuzung erzeugt in der ersten Generation schwarze Tiere. Auf den Ahnentafeln werden diese schwarzen Tiere gekennzeichnet und dürfen nur für die Blauzucht herangezogen werden. Sie sind züchterisch nicht zu verwechseln mit den schwarzen Tieren aus der Geflecktzucht.

Standard und Zuchtbuch

Bis zur Mitte des 19. Jahrhunderts wurde die Zuchtwahl der Doggen noch weitgehend intuitiv gesteuert. In einem Handbuch für Jäger (1820 Winkel) sind zum Beispiel die Anforderungen aufgenommen, die an die Hetzhunde des 18. Jahrhunderts gestellt wurden. »Ein guter Hetzhund — sei er übrigens gefärbt und gezeichnet wie er wolle — muß einen starken, nicht zu kurzen Kopf, welcher in einer etwas langen zugespitzten, mit vier guten Fängen bewaffneten Schnauze ausgeht, und eine breite Brust haben, auch kurz und stark gekeult sein. Den Läufen darf es an der gehörigen Stärke nicht fehlen. Ein Hauptfehler ist aber, wenn sie gänselatschig sind, das heißt, wenn sie im Fesselgelenk durchtreten.« Wenn wir uns heute fragen, ab wann man von einer planmäßigen Zucht Deutscher Doggen sprechen kann, so kann man vom Jahre 1879 ausgehen, dem Jahr

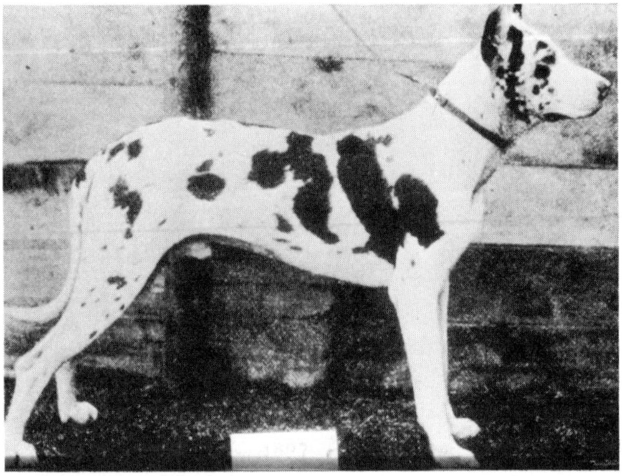

Der Typ der gefleckten Dogge um 1897.

der ersten Züchterversammlung, in dem auch ein gemeinsamer Standard beraten wurde.

Ein Standard beinhaltet eine mehr oder weniger ausführliche Beschreibung einer Rasse wie Kopf, Hals, Rumpf, Größe, Farbe und dergleichen mit Angabe der auszumerzenden Fehler. Dabei wird ein bestimmter Zuchttypus, das heißt, das wohl selten erreichte »Idealtier«, zugrunde gelegt.

Der Standard, auf den wir uns heute beziehen, reicht in das Jahr 1891 zurück. Er wurde vom Deutschen Doggen-Club herausgegeben, der sich im Jahre 1888 zur Förderung dieser Rasse gegründet hatte. Im Jahre 1897 erschien der erste Band des Deutschen Doggen-Stammbuches mit 538 Eintragungen. Herausgeber dieses Buches war der Deutsche Doggen-Club, der hier in mühseliger Kleinarbeit eine Bestandsaufnahme der zur damaligen Zeit vorhandenen Doggen vorgenommen hat. Nur wenige Tiere erscheinen hier bereits mit bekannten Vorfahren. Die meisten bedurften einer vorherigen Formbewertung durch ein Richterkollegium, um als rassetypisch aufgenommen werden zu können. Der Deutsche Doggen-Club gibt seit dieser Zeit jährlich ein Zuchtbuch heraus, das mittlerweile 3000 Welpen jeweils umfaßt. Erst durch die Auflegung eines Zuchtbuches, mit seiner in ihm festgelegten, sich immer fortsetzenden Nachkommenschaft, wurde die Grundlage für die züchterische Arbeit an dieser Rasse gelegt.

Die Rassekennzeichen der Deutschen Dogge

Allgemeine Erscheinung und Charakter

Die Deutsche Dogge vereinigt in ihrer edlen Gesamterscheinung bei großem, kräftigem und wohlgefügtem Körperbau Stolz, Kraft und Eleganz. Sie ist der Apoll unter den Hunderassen. Die Deutsche Dogge besticht durch ihren besonders ausdrucksvollen Kopf, sie verrät selbst im stärksten Affekt keine Nervosität und wirkt auf den Beschauer wie eine edle Statue. Nervöse und scheue Doggen dürfen auf Ausstellungen ungeachtet ihrer sonstigen Erscheinung deshalb nur mit »mangelhaft« bewertet werden. Im Charakter soll sie freundlich, liebevoll und anhäng-

Gelbe und gestromte Dogge um 1907.

lich gegen die Angehörigen, besonders gegen Kinder, zurückhaltend und mißtrauisch gegen Fremde sein.

Kopf

Langgestreckt, schmal, markant, ausdrucksvoll, fein gemeißelt (besonders die Partie unter den Augen), mit stark betontem Stirnabsatz. Von der Seite gesehen muß die Stirn scharf vom Nasenrücken abgesetzt sein. Stirn und Nasenrücken sollen parallel zueinander verlaufen. Von vorn gesehen muß der Kopf schmal erscheinen, der Nasenrücken soll möglichst breit sein, die Backenmuskeln dürfen nur leicht angedeutet sein, aber keinesfalls stark hervortreten. Die Schnauzenpartie soll voll belefzt und vorn möglichst senkrecht abgestumpft sein und gut ausgeprägten Lippenwinkel zeigen. Unterkiefer weder vorspringend noch zurückstehend. Der Vorderkopf von der Nasenspitze bis zum Stirnabsatz soll möglichst die gleiche Länge haben wie der Hinterkopf vom Stirnabsatz bis zum schwach ausgeprägten Hinterhauptbein. Der Kopf soll von allen Seiten eckig und bestimmt in seinen Außenlinien erscheinen, dabei sich aber völlig der Gesamterscheinung der Dogge in seinen Maßen anpassen.
Fehler: Nach hinten abfallende oder erheblich ansteigende Stirnlinie, nach vorn aufsteigender, abfallender oder eingebogener Nasenrücken, zu wenig oder gar kein Stirnabsatz, zu schmaler Nasenrücken und nach hinten, seitlich keilförmig auseinandergehender Hinterkopf (Keilkopf), auch zu runder Oberkopf (Apfelkopf), ferner zu stark ausgeprägte Backenmuskulatur. Spitze Schnauze, aber auch zu lose, den Unterkiefer überhängende Lippen, sogenannte Flatterlippen, die eine volle, tiefe Schnauzenpartie nur vortäuschen. Der Kopf kann lieber kürzer und markant als lang, seicht und ausdruckslos sein.

Augen

Geschlossen, mittelgroß, rund, möglichst dunkel mit lebhaftem, klugem Ausdruck, Brauen gut entwickelt.
Fehler: Offene, helle, stechende, bernsteingelbe, hellblaue bis wäßrigblaue oder zweierlei Augen; ferner zu weit auseinanderstehende Augen oder Schlitzaugen; zu tief hängende Lider mit auffällig hervortretender Nickhaut und zu stark gerötete Bindehaut.

Ohren
Hoch angesetzt, nicht zu weit auseinanderstehend, gut lang, spitz geschnitten, aber immer im Verhältnis zur Kopfform passend und gleichmäßig straff aufrecht getragen. Werden nicht beide Ohren vorschriftsmäßig getragen, ist die Bewertung entsprechend herabzusetzen. Doggen mit Hängeohr und zu kurz kupierten Ohren dürfen nicht mit »V« bewertet werden.

Nase
Diese muß groß und bei gestromten und einfarbigen Doggen stets schwarz sein, bei gefleckten Doggen (s. unter Farbe).

Gebiss
Groß und kräftig, weiß, gut passend; dasselbe ist korrekt, wenn die Schneidezähne des Oberkiefers dicht über die des Unterkiefers greifen, wie zwei Schenkel einer Schere (Scherengebiß). Alle Abweichungen vom Scherengebiß sind als fehlerhaft anzusehen und zu werten. Bei der Beurteilung der Stellung des Oberkiefers zum Unterkiefer und umgekehrt gehen wir prinzipiell vom beweglichen Unterkiefer aus.
Fehler: Die Schneidezähne des Unterkiefers greifen über die des Oberkiefers (Vor- oder Überbeißer) oder sie greifen unter die des Oberkiefers (Unterbeißer), ferner die Schneidezähne beider Kiefer beißen genau aufeinander, wie bei einer Zange (Aufbeißer, Zangengebiß). Bei dieser Stellung nutzen sich die Schneidezähne vorzeitig ab. Alle Abweichungen vom Scherengebiß sind fehlerhaft. Doggen mit Gebißfehlern müssen in der Schönheitskonkurrenz um eine Note zurückgestellt werden. Fehlerhaft ist auch das Staupegebiß, unter dem man Schmelzdefekte versteht. Die Zähne sehen zerfressen und braun aus; dies ist jedoch nicht vererbbar. Hunde mit Staupegebiß dürfen nicht mit »Vorzüglich« prämiiert werden. Unerwünscht ist auch Zahnsteinansatz.

Hals
Hoch angesetzt, lang, trocken, muskulös und sehnig, ohne stark entwikkelte Kehlhautfalten oder gar Wamme; von der Brust bis zum Kopf sich leicht verjüngend, schön geschwungen, mit gut ausgebildetem Genickansatz.
Fehler: Kurzer, dicker Hals, lose Kehlhaut oder Wamme.

Schultern

Das Schulterblatt muß lang und schräg gestellt und mit dem Oberarmbein im Schultergelenk möglichst rechtwinklig vereinigt sein, um einen weiten Schritt zu erzielen.
Fehler: Steile oder lose Schultern; erstere treten auf, wenn das Schulterblatt nicht genügend schräg steht, letztere, wenn der Ellenbogen nach außen gedreht wird.

Brust

Von guter Breite, der Rippenkorb gut gewölbt, vorn tief, bis zu den Ellenbogengelenken hinabreichend.
Fehler: Schmale sowie seichte Brust, flacher Rippenkorb und zu stark hervortretendes Brustbein (Hühnerbrust).

Rumpf

Der Widerrist bildet die höchste Stelle des kräftigen Rückens. Dieser verläuft nach hinten schwach abfallend, in annähernd gerader Linie, ist kurz und straff gespannt. Im Verhältnis von Länge zur Höhe soll das Gebäude möglichst quadratisch erscheinen; bei Hündinnen ist ein etwas längerer Rücken erlaubt. Lenden leicht gewölbt und kräftig. Kruppe voll, schwach abfallend und unmerklich mit dem Rutenansatz verlaufend. Bauch nach hinten gut aufgezogen, mit der Unterseite des Brustkorbes eine schön geschweifte Linie bildend.
Fehler: Eingesenkter Rücken (Senkrücken), aufgezogener Rücken (Karpfenrücken); die Höhe der Hinterhand übertrifft die Höhe des Vorderkörpers (überbaut), auch zu langer Rücken ist zu verwerfen, denn darunter leidet besonders das Gangwerk (schlingernder Gang). Kruppe schräg abfallend, Hängebauch und mangelhaft zurückgebildetes Gesäuge bei Hündinnen.

Rute

Mittellang, nur bis zum Sprunggelenk hinabreichend, hoch und breit angesetzt, aber schlank und dünn auslaufend, in der Ruhestellung gerade herabhängend, in der Erregung oder im Lauf leicht gebogen (säbelartig), nicht übermäßig über Rückenhöhe getragen.
Fehler: Zu starke, zu lange, zu tief angesetzte, zu hoch über dem Rücken gehakt oder gar geringelt getragene, seitlich abgedrehte Rute. Doggen mit

solchen Fehlern dürfen nicht mit »Vorzüglich« prämiiert werden. Aufgeschlagene oder kupierte Rute (das Kürzen der Rute zur Erzielung der vorgeschriebenen Länge ist verboten) oder Bürstenrute (wenn die Haare an der Unterseite zu lang sind) sind nicht erwünscht. Das Rasieren der Rute ist verboten.

VORDERLÄUFE

Die Oberarme sollen stark und muskulös sein, das Ellenbogengelenk darf weder nach innen noch nach außen gedreht sein, sondern muß mit dem Schultergelenk in gleicher Fläche liegen. Die kräftigen Unterarme verlaufen vom Ellenbogengelenk, von vorn wie von der Seite gesehen, völlig gerade bis zu den Fußgelenken hinunter. Die Vorderfußwurzel verläuft

1. Nase
2. Nasenrücken
3. Lefze (Oberlippe)
4. Stirnabsatz (Stop)
5. Backe
6. Oberkopf
7. Kehlgang
8. Ohren
9. Hals
10. Nacken
11. Widerrist
12. Rücken mit Lende
13. Kruppe
14. Becken
15. Rutenansatz
16. Rute
17. Vorderbrust
18. Seitenbrust (Rippenkorb)
19. Unterbrust
20. Schulterblatt
21. Oberarm
22. Ellenbogengelenk
23. Unterarm
24. Vorderfußwurzelgelenk
25. Vordermittelfuß
26. Zehen
27. Glied
28. Oberschenkel
29. Kniescheibe
30. Unterschenkel
31. Sprungbeinhöcker
32. Sprunggelenk
33. Hintermittelfuß

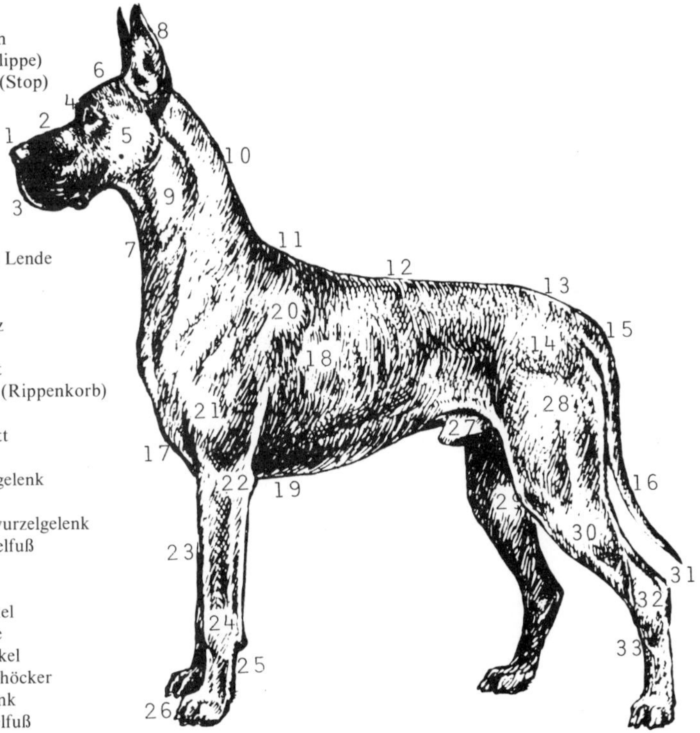

Der Idealhund des modernen Standards.

von vorn in derselben geraden Linie bis zu den Pfoten, von der Seite gesehen in nur geringer Richtung nach vorn.
Fehler: Nach innen oder nach außen gedrehte Ellenbogen. Erstere Stellung, zumeist durch schmale oder seichte Brust bedingt, bringt die Vorderläufe zu nahe aneinander und dreht zugleich den ganzen unteren Teil der Läufe nach außen. Die auswärts gedrehten Ellenbogen drehen im Gegensatz hierzu Fuß und Zehen einwärts. Eine erhebliche Durchbiegung im Fußgelenk deutet auf Schwäche (fesselweich) und ist zumeist mit gestreckten und gespreizten Zehen verbunden. Ebenso fehlerhaft ist die Abbiegung der geraden Linie der Vorderläufe vom Fußgelenk nach innen oder außen (französische Stellung). Falsch ist natürlich auch ein Überknicken des Fußgelenkes (der Vorderfußwurzel) nach vorn. Auftreibungen oberhalb des Gelenkes der Vorderfußwurzel sind meistens Folgen von Knochenkrankheiten (Rachitis oder Osteodystrophie).

Hinterläufe

Oberschenkel (Keulen) breit und muskulös. Unterschenkel lang und stark. Die erwünschte gut entwickelte Stellung der Hinterhand ergibt sich, wenn der Oberschenkel im Hüftgelenk mit dem Becken und im Kniegelenk mit dem Unterschenkel und dieser wieder im Sprunggelenk mit der Fußwurzel nicht zu stumpfe Winkel bilden. Von hinten gesehen erscheinen die Sprunggelenke völlig gerade, weder einwärts noch auswärts gestellt.
Fehler: Bei stark auswärts gedrehten Kniegelenken bringen die Unterschenkel die Sprunggelenke nach innen, und der Hund steht »kuhhessig«, die Füße gehen dann wieder nach außen. Die entgegengesetzte Stellung ist die der weit voneinander entfernten Sprunggelenke (faßbeinig). Der fehlerhaft steile Hinterschenkel entsteht, wenn die zuvor genannten Gelenkwinkel zu stumpf werden oder gar fast eine gerade Linie bilden. Unschön ist auch eine übertriebene Winkelung, wenn die Hinterhandknochen zu lang im Verhältnis zu den Vorderläufen sind.

Pfoten

Rundlich, weder nach außen noch nach innen gedreht. Zehen kurz, hoch gewölbt und gut geschlossen (Katzenpfoten). Nägel kurz, stark und möglichst dunkel.
Fehler: Gespreizte Zehen, durchgebogene lange Zehen (Hasenpfoten), nach außen oder nach innen gedrehte Zehen; ferner fünfte Zehen an den Hinterläufen, als Wolfsklaue oder Sporen bezeichnet, zu lange Nägel.

Gangwerk

Ausgreifender, leicht federnder Gang.
Fehler: Kurzer Schritt, unfreies, beengtes oder schlingerndes Gangwerk, ebenso Paßgang.

Behaarung

Sehr kurz und dicht, glatt anliegend und gänzend.
Fehler: Zu langes Haar (Stockhaar), stumpfes Haar (auf schlechte Ernährung, Wurmplage und mangelhafte Pflege zurückzuführen).

Farbe

a) Gestromte Doggen: Grundfarbe vom Hellgoldgelb bis zum satten Goldgelb, immer mit kräftigen schwarzen Querstreifen gestromt. Je intensiver leuchtend die Grundfarbe und je kräftiger die Stromung, desto ansprechender ist die Farbe. Nicht erwünscht sind kleine weiße Abzeichen an Brust und Zehen sowie helle Augen und Nägel.
Fehler: Silberblaue und isabellfarbige Grundfarbe, verwaschene Stromung, weißer Stirnstrich, weißer Halsring, weiße Pfoten oder Strümpfe und weißes Rutenende; derartige Doggen werden nicht prämiiert.

b) Gelbe Doggen: Farbe Hellgoldgelb bis zum satten Goldgelb; schwarze Maske ist erwünscht, ebenso schwarze Nägel. Die goldgelbe Farbe ist stets vorzuziehen.
Fehler: Gelbgraue, blaugelbe, isabellfarbige und schmutziggelbe Farben (Drappfarbe) sind geringer zu bewerten. Über weiße Abzeichen gilt auch hier das bereits unter a) Gesagte.

c) Blaue Doggen: Farbe möglichst rein Stahlblau, ohne jeden Anflug von Gelb oder Schwarz. Bei blauen Doggen sind hellere Augen zulässig. Weiße Abzeichen sind zugelassen.
Fehler: Gelb- oder schwarzblaue Farbe; helle, stechende oder Glasaugen.

d) Schwarze Doggen: Farbe Lackschwarz, glänzend, Augen dunkel.
Fehler: Gelb-, Braun- oder Blauschwarz, helle Augen. Weiße Abzeichen zugelassen. Manteldoggen werden unter dem schwarzen Farbenschlag prämiiert.

e) Schwarz-weiß-gefleckte Doggen (Tigerdoggen): Grundfarbe rein Weiß, möglichst ohne jede Stichelung, mit über den ganzen Körper gut verteilten, zerrissenen, ungleichmäßigen, lackschwarzen Flecken (zuge-

lassen, aber nicht erwünscht, sind wenig kleine graue oder bräunliche Flecken). Die Augen sollen dunkel sein, doch sind helle oder zweierlei Augen zugelassen, aber nicht erwünscht. Nase schwarz, doch ist schwarzgefleckte oder fleischfarbige Nase zugelassen. Doggen mit weißer Grundfarbe und großen schwarzen Platten (Plattenhunde) werden unter dem schwarzen Farbschlag prämiiert, dasselbe gilt auch für Manteltiger, bei welchen sich das Schwarz mantelartig über den ganzen Körper legt und nur Hals, Läufe und Rutenspitze weiß läßt.
Fehler: Blau-grau-gestichelter Untergrund sowie wasserhelle, rote oder Triefaugen.
Von der Prämiierung ausgeschlossen sind:
Weiße Doggen ohne jede schwarze Zeichnung (Albinos) sowie taube Doggen. Sogenannte Porzellantiger, diese zeigen vorwiegend blaue, graue, gelbe oder auch gestromte Flecken. Sogenannte Grautiger, solche mit grauer Grundfarbe.

Rüden

Rüden ohne sichtbare oder mit einem Hoden werden nicht prämiiert.

Grösse

Die Schulterhöhe eines Rüden muß mindestens 80 cm, die einer Hündin mindestens 72 cm betragen (Risthöhe). Es ist erwünscht, daß diese Maße wesentlich überschritten werden.

Das sollten wir von ihrem Charakter wissen

Triebe und Instinkte

Die Deutsche Dogge ist freundlich, liebevoll und anhänglich, sie vereinigt in sich Stolz, Kraft und Eleganz, so steht es im Standard dieser Rasse. Begeisterte Verehrer dieser Hunde können das bestätigen. Doch leider erleben wir auch immer wieder, daß »mit ganz besonderem Behagen alle möglichen Räubergeschichten über die Dogge berichtet werden« (Strebel).

Zeitungen und Illustrierte berichten zuweilen von tragischen Fällen, bei denen Kinder von Doggen zu Tode gebissen wurden. Nur selten geht aus

Typische Vertreter ihres Farbschlags ... Champions in Gelb und Gestromt.

solchen sensationell aufgemachten Meldungen hervor, wie es zu diesen Unfällen kam. Untersuchen wir die Hintergründe dieser Fälle genauer, so stellt sich fast ausnahmslos heraus, daß Unkenntnis der beteiligten Menschen über das arteigene Verhalten der Dogge zu der Beißerei führte.

Das, was wir das Wesen der Dogge nennen, ist die Gesamtheit all jener Eigenschaften, die ihr Verhalten gegenüber der Umwelt bestimmen. Von ausschlaggebender Bedeutung bei der Dogge und allen Hunden schlechthin ist nach Seiferle nicht das, was sie von sich aus oder durch Erziehung und Abrichtung gelernt hat, sondern vor allem das, was sie von ihren wilden Vorfahren in der Erbmasse an arttypischen Trieben und Instinkten mitbekommen hat. Wenn also einem geschlechtsreifen Rüden der Duft einer heißen Hündin zugeht, dann regt sich in ihm der Geschlechtstrieb, und er versucht, sich dem verheißungsvollen Ziel zu nähern. Oder, wenn sich zwei ebenbürtige Rüden oder Hündinnen treffen, dann macht sich das bei geselliglebenden Tieren wirksame Bestreben zur Aufklärung der sozialen Rangordnung bemerkbar. Die beiden Rivalen versuchen, sich zunächst zu beriechen und durch gegenseitiges Imponiergehabe zu beeindrucken. Je nach Wesensveranlagung, ob friedlich oder aggressiv, werden sie sich trennen, zusammen spielen oder raufen.

Die Aufgaben und die Umwelt unserer Doggen haben sich gewandelt. Aus den Kampfhunden der Antike und den Jagdgefährten des Mittelalters sind die Begleithunde von heute geworden. Dieses Mithinüberwachsen in eine sich stetig verändernde Umwelt war nur möglich dank der großen Anpassungsfähigkeit und Lernbereitschaft dieser Rasse. Das hat sie in die Lage versetzt, ihre angestammten Triebe und Instinkte mehr oder weniger im Zaum zu halten oder sie an geeigneten Ersatzobjekten zu befriedigen.

Dogge und Familie

»Eine zentrale und entscheidende Rolle in dieser Ersatzumwelt des Hundes, so schreibt Seiferle, spielt der Mensch. Er ersetzt ihm den fehlenden Meutekumpan und die menschliche Familie wird ihm zum Meuteersatz.« Ein Doggenwelpe, den wir ins Haus bringen, wird sich zunächst dem Familienmitglied anschließen, das ihn abgeholt hat oder ihm seine regelmäßigen Mahlzeiten verabreicht. Doch schon bald wird der heranwachsende Junghund, seinen Trieben und Instinkten folgend, versuchen, seine Rangordnung in der Ersatzmeute festzustellen. Jetzt heißt es aufzupassen, und der »Meuteführer«, ganz gleich, ob Herr oder Frau des Hauses, muß eingreifen und seine Überlegenheit zur Geltung bringen. Ein ersprießliches menschlich-hundliches Verhältnis wird sich nur dann entwickeln, wenn es gelingt, die in jeder Dogge mehr oder minder ausgeprägte Bereitschaft, sich dem Ranghöheren unterzuordnen, durchzusetzen.

Die charaktervolle Dogge wählt sich ihren Herrn innerhalb der Familie selbst. Dabei ist zu beobachten, daß dieses oft diametral geschieht, das heißt von Rüde zur Herrin und von Hündin zum Herrn. Die übrigen Familienmitglieder nehmen eine mehr oder weniger abgestufte Rangfolge ein, wobei sie die Stärken und Schwächen jedes einzelnen genau einzu-

Champion in Blau.

schätzen weiß. Wehe dem Doggenbesitzer, der nicht in der Lage ist, bereits im Junghundealter die Rangfolge Dogge — Mensch festzulegen. Der Weg vom niedlichen, weil tolpatschigen Welpen über den zu allerlei Streichen aufgelegten Junghund, als Mittelpunkt der Familie, zum Haustyrannen ist nicht sehr weit. Und ist diese Rangfolge zugunsten der Dogge vertauscht, kommt es leicht zu unliebsamen Vorgängen, in denen die Dogge als Meuteführer mit ihren Mitteln ihrem Besitzer Lektionen erteilt. Hier hilft dann auch ein Weggeben zum »Abrichten« nichts mehr, um sie mit brutalem Zwang und Schlägen zur »Raison« zu bringen. Eine Dogge, derart »erzogen«, wird immer wie ein Pulverfaß mit glimmender Lunte sein.
Gegen Fremde ist die Dogge zurückhaltend und mißtrauisch. Auf ihre Wachsamkeit kann man sich stets verlassen. Ihr feines Wahrnehmungsvermögen und das ausgeprägte Gespür für das zu ihrer Familie gehörende Terrain, läßt sie jeden fremden Schritt erkennen und im Ernstfall ein unerschrockener Verteidiger für ihren Herrn, Haus und Hof werden. Nicht ohne Grund lautet ein mecklenburgisches Sprichwort: »Zwei Doggen auf dem Hof tu'n mehr für die Ehrlichkeit, als das Gebet des Pastors!«
Hunde sind Meutetiere und keine Einzelgänger. Das sollten auch Sie bei Ihrer Dogge berücksichtigen. Wird sie alleine im Zwinger gehalten, ohne daß sich ihr Besitzer mehrere Stunden am Tag um sie kümmert, wird der notwendige Kontakt zum Menschen unterbrochen. Die Dogge wird dann seelisch krank und reagiert aggressiv.

Dogge und Kind

Über das Verhältnis von Dogge und Kind ließen sich Bände füllen. Wie fast alle großen Hunde, so ist auch die Dogge ein besonderer Kinderfreund. Sie ist rührend in ihrer Geduld und — man ist fast versucht zu sagen — Einsicht den Kleinen gegenüber. Sie spielt mit ihnen, gehorcht ihnen sogar aus dem Gefühl der Überlegenheit heraus und läßt sich die keineswegs immer angenehmen Liebkosungen gefallen, immer darauf bedacht, selbst nicht weh zu tun. Der Schlüssel zu diesem Verhalten liegt natürlich auch hier in dem Instinkt des Meutetieres Hund. Kinder nehmen, wie Hundebabys, noch keinen Rang in der Meutehierarchie ein. Sie genießen gewissermaßen innerhalb der Meute Narrenfreiheit und Schutz des Stärkeren nach außen hin. Wenn wir hin und wieder etwas

anderes hören, so ist das meistens auf den Unverstand der sie umgebenden Menschen zurückzuführen. Die Dogge hat dann nicht gelernt, mit kleinen Kindern umzugehen, das heißt, sie als außerhalb der Rangordnungsfolge stehend zu betrachten. Manchmal ist dieses auch der Fall, wenn sich in der Familie Nachwuchs einstellt und sich nun plötzlich alles um diesen kleinen Sprößling dreht.
In dem Bestreben, die alte Rangordnung wieder herzustellen, die sie durch den Eindringling gefährdet sieht, beißt sie folgerichtig zu, um den Eindringling zu vertreiben. Dieser Entwicklung läßt sich jedoch zuvorkommen, wenn man die Dogge gebührend mit dem Familienzuwachs bekanntmacht und sie nicht im Überschwang neuer Gefühle darüber vernachlässigt. Mit etwas Einfühlungsvermögen wird sich bald ein inniges Verhältnis von Dogge und Kleinkind entwickeln. — Kleine Kinder verhalten sich Hunden gegenüber in der Regel unbefangen. Leider erzeugen unvernünftige Eltern oft in ihnen Angstgefühle, aus denen eine spätere Abneigung zu Hunden entstehen kann. So verbieten sie ihnen häufig den Umgang mit den Worten »Faß' den Hund nicht an! Der beißt!« Hunde spüren diese Unsicherheit und fassen gelegentlich zu —.

Dogge und andere Vierbeiner

Im Umgang mit anderen Tieren sind Doggen besonders verträglich. Nicht selten entwickeln sich dabei ausgesprochene Tierfreundschaften. Als Spielgefährten gibt man ihr oft einen Hund einer kleineren Hunderasse hinzu. Doggen sind keine Raufer, wie man auf jeder Hundeausstellung feststellen kann. Doch wie überall im Leben, bestimmen auch bei ihr Sympathie und Antipathie ihr Verhältnis zu anderen Artgenossen. Ausgesprochene Feindschaften zu anderen Hunderassen können sich dann entwickeln, wenn die Dogge als Junghund von einem Vertreter einer größeren Hunderasse gebissen worden ist.

Kaufen – aber mit Überlegung

Lieber Leser, Sie wollen sich eine Dogge kaufen und sich damit einen schon lang gehegten Wunsch oder gar den Wunschhund Ihrer Jugend erfüllen? Oder ist es etwa nur ein augenblicklicher Entschluß, weil Sie beeindruckt sind von der Begegnung mit solch einem imposanten Tier? Bevor Sie es tun, gehen Sie noch einmal mit sich und Ihrer Familie zu Rate. Fragen Sie sich, ob Sie bereit sind, liebgewordene Bequemlichkeiten

 Championesse in Gelb.

einfach aufzugeben für tägliches Gassigehen, für ausgedehnte Spaziergänge und Spielen mit Ihrem Hund. Auch die Geldausgaben für Kauf und für die nicht ganz billige Unterhaltung sollten Sie bedenken. Und noch eines, die Hausfrau muß einverstanden sein. Bei der Dogge ist es wie mit einem Kind. Die tägliche Routine des Sauberhaltens, des Fütterns und der Erziehung liegt in der Regel bei ihr.
Ihre Antwort ist immer noch ein Ja? Nun, dann darf ich Ihnen sagen, daß Sie eine Bindung eingehen mit einem Hund, der Ihnen für lange Jahre Gefährte sein wird, auf den Sie stolz sein dürfen, der Ihnen zumeist Freude bereitet und dazu Schutz bietet.
Doch schon ergeben sich die nächsten Fragen: Wo und in welchem Alter kauft man eine Dogge? Soll es ein Rüde oder eine Hündin sein? Was darf ein solcher Hund kosten? Wir kennen das Sprichwort »Wer die Wahl hat, hat die Qual«. Vielleicht können die folgenden Kapitel ein wenig dazu beitragen, die Qual der Wahl zu mindern; denn wie viele gibt es, die sich für schweres Geld eine Dogge zulegen, um später zu einem Resultat zu kommen, dahin lautend »am End' ist's doch keine echte«. Beginnen wir also mit einer der für den Anfänger schwierigsten Fragen:

Wo kauft man eine Deutsche Dogge?

Zum Kauf werden Doggen angeboten: 1. von Züchtern, 2. von Doggenbesitzern, die durch äußere Umstände gezwungen sind, ihren Hund abzugeben, 3. von Tierheimen, die durch Tierschutzvereine verwaltet werden, 4. vom Hundehandel.

Der Kauf beim Hundehandel

Zur Warnung dieses Kapitel vorweg. Einen Kauf beim Hundehandel lehne ich ab. Das soll bei weitem nicht heißen, daß wir es nur mit schwarzen Schafen dieses Gewerbes zu tun haben. Aber Züchter, die den Handel bedienen, sind auf Profit bedachte Vermehrer, denen die Weiterentwicklung und das Schicksal ihrer Welpen egal ist. Und diese herzlosen Gesellen wollen wir nicht noch durch den Kauf einer Dogge unterstützen. Seriöse Vereine schließen Züchter dieser Art aus ihren Reihen aus. Der Handel tarnt sich mit Namen. Also Vorsicht auch bei Annoncen wie dieser: »Hunde direkt vom Züchter. Pekinesen, Yorkshire, Bobtail, Setter, Zwergpudel, Deutsche Doggen.«

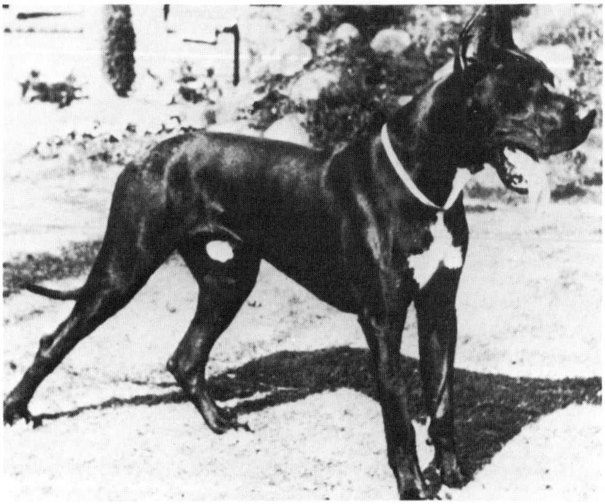

Champion in Schwarz.

Verkaufsangebote von mehr als zwei Rassen stammen meistens vom Händler. Der Handel spekuliert auf Ihr Mitleid. Traurig blickende Welpenaugen haben schon manchen zum spontanen Kauf veranlaßt. Selten sind die Käufer mit dem Erwerb froh geworden, denn der Anteil der kranken und mit Würmern verseuchten Hunde ist beim Handel besonders groß. Wer die Praktiken des Hundehandels kennt, weiß, daß die Ahnentafel, Zeugnis der Abstammung und der Rasseechtheit, nur auf Wunsch und extra Zahlung mitgeliefert wird. Da Hunde dort als Massenware eingeliefert werden, ist es zweifelhaft, ob die Ahnentafeln mit den Hunden übereinstimmen, für die sie ausgestellt wurden. Solche mitgelieferten Papiere werden daher auch nicht von den im Verband für das Deutsche Hundewesen zusammengeschlossenen Vereinen anerkannt.

Der Besuch beim Züchter

Eine Dogge kauft man beim Züchter. Anschriften vermittelt Ihnen der Deutsche Doggen-Club 1888 e. V. oder der Verband für das Deutsche Hundewesen e. V. Das hat nichts mit Vereinsmeierei zu tun. Keine Angst. Sie brauchen auch nicht Mitglied zu werden. Aber Mitglied als Züchter im Deutschen Doggen-Club kann nur sein, wer bereit ist, nach den strengen Richtlinien des Clubs zu züchten. Und das ist schon immerhin eine Garantie, wenn auch nicht die einzige; denn auch Züchter sind Menschen mit menschlichen Schwächen, wenn es um die Anpreisung und den Verkauf ihrer Welpen geht. »Augen auf, oder Beutel auf« sagen die Pferdeleute. Kaufen Sie nicht unbedingt beim nächstgelegenen Züchter, sondern suchen Sie mehrere Zwinger auf. Scheuen Sie sich nicht, die ganze Zwingeranlage anzusehen. Nicht nur das »Schaufenster«, wo die Welpen auf Sie warten. Welpen sind kontaktfreudig und noch unkompliziert in ihrem Verhalten. Wenn sie sich ängstlich verkriechen, sobald der Züchter im Zwinger erscheint, ist etwas faul. Machen Sie kehrt, ehe Sie das Erbarmen packt.

Die Auswahl eines Welpen

Vielleicht haben Sie Glück und können noch aus dem vollen Wurf wählen. Es gibt zwar die berühmte Liebe auf den ersten Blick. Doch besser ist's,

Champion in Gefleckt.

den Verstand zu gebrauchen. Auch als Laie können Sie Ihr Augenmerk auf ganz bestimmte Positionen lenken. Achten Sie auf einen gut proportionierten Welpen mit kräftig entwickelter Hinterhand. Der Kopf sollte markant und ausdrucksvoll erscheinen, die Augen dunkel, mit lebhaftem Ausdruck. Das Gebiß ist korrekt, wenn die oberen Schneidezähne gerade über die unteren greifen (Schere). Jede andere Gebißstellung ist fehlerhaft und zuchtausschließend. Ein sogenannter Aufbiß, bei dem die Schneidezähne genau aufeinander stehen, ist zwar erlaubt, sollte bei Welpen aber mit Vorsicht betrachtet werden, da der Unterkiefer leicht die Tendenz zum Vortreiben hat. Kein Züchter kann allerdings in diesem Alter garantieren, daß sich aus dem Welpengebiß ein vollständiges zweites Gebiß mit allen Praemolaren entwickelt. Wer sichergehen will, muß bis zum Zahnwechsel im Alter von vier bis fünf Monaten warten.
Besonders auffällig sind bei jungen Doggen die starkknochigen, massiv wirkenden Beine mit leicht verdickten (knorrigen) vorderen Gliedmaßen. Die Züchter nennen es »Wachstumsknoten«. Ich habe es immer wieder erlebt, daß Züchter kleinerer Rassen und selbst Tierärzte mit Skepsis diese ungewöhnlich wirkenden Knochen beurteilen und dem unerfahrenen Besitzer einen gehörigen Schrecken versetzt haben, wenn sie die Diagnose »Rachitis« stellten. Der Verdacht auf Rachitis ist gegeben, wenn die Vorderläufe im Stand und während des Laufens nach außen gedreht werden, bei durchgetretenen Fesseln und eingedrehten Ellenbogen. Andere Verdachtsmomente auf Rachitis sind sogenannte Rosenknötchen (Auftreibungen an den Rippen an den Übergangsstellen vom Knochen zum Knorpel), geschwollene Kniegelenke bei sehr engem Stand der Hinterhand. Einen solchen Welpen kauft man nicht. Stellen sich diese Anzeichen später ein, ist umgehend der nächste Tierarzt aufzusuchen. Wenn Sie sich nicht sicher sind in Ihrer Beurteilung, fragen Sie den Züchter, oder behalten Sie sich vor, den Welpen Ihrer Wahl einem Tierarzt vorzustellen. Verzichten Sie auf den Kauf, wenn der Verkäufer die Zusage (schriftlich) verweigert, daß innerhalb von 24 Stunden der Kauf annulliert werden kann, sofern ein Fachmann verborgene Fehler festgestellt hat.

In welchem Alter kauft man eine Dogge?

Entscheiden wir uns für einen acht Wochen alten Welpen oder für einen halbjährigen Junghund? Ich plädiere für den goldenen Mittelweg, also eine

Spielgefährten.

Dogge im Alter von drei bis vier Monaten. In diesem Alter ist die Dogge noch nicht voll geprägt, hat also noch keine unliebsamen Angewohnheiten. Sie hat genügend Zeit gehabt, im Spiel mit Mutter und Geschwistern die ersten Rangordnungskämpfe zu bestehen und in die hundliche Gesellschaft hineinzuwachsen; ein wichtiger Lebensabschnitt, der ihrem Wohlverhalten in späterer Begegnung mit anderen Hunden zugutekommt und den wir nicht durch menschliche Erziehung kompensieren können. Die jetzt folgende Phase der erhöhten Lernbereitschaft nutzen wir zu ihrer Grunderziehung. Auch andere Gründe sprechen für dieses Alter:

Gewissenhafte Züchter geben ihre Welpen erst nach einer Grundimmunisierung gegen Staupe und Hepatitis ab. Dieses kann frühestens in der siebten bis zwölften Lebenswoche erfolgen. Bis dahin stehen die Welpen unter Mutterschutz, das heißt, sie erhalten durch die Muttermilch noch genügend Antikörper, und die eingeimpften Krankheitskeime bewirken keine Produktion von körpereigenen Immunstoffen.

Die Ohren der Welpen werden im Alter von vier bis sechs Wochen kupiert. Nach Abheilung des Wundrandes obliegt es dem Geschick des Züchters, diese Ohren »zum Stehen« zu bringen. Jeder hat da seine eigene Methode. Als Laie haben Sie keine Erfahrung. Deshalb nehmen Sie den Welpen nur, wenn der Züchter für den Erfolg garantiert.

Für den überaus Vorsichtigen ein Wort eines Doggenfreundes, entnommen aus dem Zuchtbuch des Jahres 1913: »Da ist's denn gut, wenn man Pferdekauf, Hundekauf, Heirat vergleichsweise nebeneinander stellt ... denn aus enttäuschten Hundebesitzern und enttäuschten Ehemännern würde man einen ansehnlichen Klub bilden können. Woher kommt das? Nun eben daher, weil man Hund und Weib gewöhnlich in einem Alter erwirbt, in dem man die Fortentwicklung zum Guten oder Bösen, körperlich und seelisch genommen, noch schlecht beurteilen kann. An dem Schwanenhals einer halbjährigen Dogge kann sich die festeste Wamme entwickeln, der edelste Körper rachitische Läufe bekommen usw. Dafür kann kein Verkäufer einer jungen Dogge garantieren. Der Käufer aber muß sich sagen, willst du einen Preisgewinner haben, so mußt du eben einen solchen ausgewachsen kaufen, und willst du ein junges Tier dir aufziehen, so mußt du abwarten und kein Wort des Lobes über den Hund aussprechen, ehe er zum ersten Mal den Ring einer starkbesetzten offenen Klasse verlassen hat.«

Die Dogge aus dem Tierheim

Wenn Sie eine Dogge erwerben wollen, die nicht soviel kostet, mag es sich lohnen, die tägliche Tierbörse Ihrer Tageszeitung durchzusehen. Vielleicht ist ein Doggenbesitzer gezwungen, sich von seinem Tier zu trennen. Findet sich kein Käufer, landet diese Dogge meistens im Tierasyl. Längst werden auch diese Heime vorbildlich geführt und unterliegen tierärztlicher Kontrolle. Die Furcht vor Ungeziefer und Verseuchung ist damit unbegründet. Ein Zeichen wahrer Tierliebe, wer sich zu solch einem Tier, oft nicht mehr ganz jung und ohne Ahnentafel, entschließt. Doch eines sollten Sie bedenken, eine ältere Dogge ist bereits geprägt und kein Mensch kann Ihnen sagen, worin die Ursachen dieser oder jener Eigenarten liegen. Wer noch nie Umgang mit Hunden gehabt hat, sollte deshalb nicht mit einer älteren Dogge beginnen, die schon mehrfach ihren Besitzer gewechselt hat oder deren Herkunft ihm unbekannt ist.

In sicherer Obhut.

Rüde oder Hündin?

Diese Wahl dürfen Sie nun ausnahmsweise nach Gefühl treffen. Ich will, obwohl ich Hündinnen besitze, versuchen, objektiv zu sein. Rüden sind in ihrer Gesamterscheinung allgemein größer, starkknochiger, robuster und imposanter. Ritter ohne Furcht, stets bereit, die Meute anzuführen. Wer Wert darauf legt, für den ist der Rüde wie geschaffen. Wer einmal eine Hündin in ihrer anschmiegsamen Art erlebt hat, wird sich zu dieser entscheiden. Der Unterordnungstrieb ist ihr von Natur gegeben, der Gehorsam ihr meist selbstverständlich. Lästig ist natürlich die halbjährlich wiederkehrende Läufigkeit. In dieser Zeit kann sie die Stellen, auf denen sie liegt, wohl beschmutzen. Auch eine sonst häusliche Hündin versucht dann hin und wieder mit den durch ihren Duft angelockten Freiern zu entweichen. Abgesehen von diesen kritischen Tagen, erleben wir bei der Hündin keinen Geschlechtstrieb. Anders hier der Rüde, der über das ganze Jahr hinweg auf der Suche ist. Jede Hausecke, jeden Baum, jedes Blumenbeet benutzt er als Bedürfnisanstalt, um seine Duftmarke zur Abgrenzung seines Reviers zu setzen. Dieser natürliche Drang verleitet ihn zum Streunen.

Die Läufigkeit der Hündin läßt sich durch zweimal im Jahr zu verabreichende Injektionen (drei bis sechs Wochen vor der zu erwartenden Hitze), also ohne operative Kastration verhindern. So umgeht man auch das Stadium der Scheinträchtigkeit, das bei den meisten Hündinnen zwei Monate nach der Läufigkeit auftritt. Das ist die Zeit, bei der sonst gedeckte Hündinnen ihren Wurf erwarten. Das Gesäuge schwillt, es bildet sich Milch, sogenannte Hexenmilch. Die Hündin zeigt ein abnormes Verhalten, sucht dunkle Ecken auf, beginnt zu scharren und ein Nest zu bauen und wird sogar aggressiv, wenn man ihr das als Welpenersatz ins Nest geschleppte Spielzeug entwenden will. Wie eine echte Hundemutti weigert sie sich, ihre »Welpen« zu verlassen.

Noch ein kleiner Hinweis, warum ich Hündinnen bevorzuge. Hündinnen neigen mehr dem Manne zu. Das schmeichelt vielleicht meiner Eitelkeit.

Ahnentafel und Impfpaß gehören zum Hund

Alles im Leben muß seine Ordnung haben. Wer eine Dogge erwirbt, möchte ein Zertifikat ihrer Echtheit. Gleichsam eine Expertise, wie sie für kostbare Bilder und Teppiche erstellt wird. Solch eine Expertise ist die Ahnentafel, die vom Zuchtbuchamt des Deutschen Doggen-Clubs ausge-

stellt wird. Sie enthält Name, Farbe und Geburtstag unserer Dogge und gibt Auskunft über deren Eltern, Großeltern und Urgroßeltern. Wer mehr erforschen will, kann das anhand der Zuchtbuchnummern in älteren Zuchtbüchern tun.
Mir ist noch lebhaft die Reaktion eines persischen Studenten in Erinnerung, als er, auf solch eine Ahnentafel blickend, kopfschüttelnd vermerkte: »Bei euch gilt so ein armer Hund nichts ohne seine Ahnen, bei uns wissen noch viele Menschen nichts über ihre Herkunft!« Wie sagte doch Tucholsky: »Hundenarren sind häufig ganz erbarmungslose Menschen!«
Jeder Züchter, als solcher gilt der Eigentümer der Mutterhündin zur Zeit des Belegens, muß seine Welpen in das Zuchtbuch des Deutschen Doggen-Clubs eintragen lassen. Nach diesen Eintragungen werden die Ahnentafeln erstellt. Die Anmeldung zum Zuchtbuch kann erst nach Vollendung der achten Lebenswoche der Welpen erfolgen und auch nur dann, wenn beide Eltern bereits im Zuchtbuch erfaßt und vollkommen gesund und wesensfest sind. Eine Ahnentafel ist eine Urkunde im juristischen Sinne. Sie gehört grundsätzlich zum Hund, für den sie ausgestellt ist. Ein zweites wichtiges Dokument, mit dem Ihr Welpe ausgestattet sein muß, ist der Impfpaß. Kein ordentlicher Züchter wird

Liebe zu kleinen Tieren.

einen Hund aus seinem Zwinger abgeben, den er nicht sorgfältig darauf vorbereitet hat. Dazu gehört die Grundimmunisierung gegen Staupe, Hepatitis (Infektiöse Leberentzündung) und Leptospirose (Stuttgarter Hundeseuche). Der Laie kennt diese Impfung unter der Abkürzung SHL-Impfung. Bei fiebrigen Erkrankungen Ihrer Dogge wird Ihr Tierarzt sofort nach diesem Dokument fragen. Für den Grenzübergang oder für den Besuch einer Hundeausstellung wird später in diesem Paß auch die Tollwutschutzimpfung vermerkt.

Ein Wort über den Kaufpreis

Die Frage nach dem Preis eines Doggenwelpen kann nur rhetorisch sein. Doggen aus Gründen des Gewinns zu züchten, hieße einen horrenden Preis verlangen. Das gibt der Markt nicht her. Ich habe einmal versucht, die Summen zu addieren, bis eine Hündin im Alter von zwei Jahren zuchtreif wurde. Futterkosten, Tierarzt, Unterkunft und Steuern, dazu Meldegebühren und Reisen zu internationalen Ausstellungen, um die Zuchtbewertungen einzuholen und den Zwinger bekanntzumachen — eine Summe, die man sonst nur für ein verrücktes Hobby ausgibt. Wer's nicht glaubt, überschlage einmal selbst und vergesse dabei all' die Mühe und Arbeit auch nur im Stundenlohn eines Hilfsarbeiters anzusetzen. Die »Ausbeute«, sechs Welpen im Jahr — wenn es hochkommt. Und die dann aufziehen mit nochmals Extra-Futter für Welpen und säugender Hündin, mit Kosten für Wurfabnahme, Kupieren, Ahnentafel, Impfung und dergleichen. Verstehen Sie jetzt, warum eine Dogge nicht so ganz billig sein kann? Natürlich differieren die Preise von Züchter zu Züchter: Das ist namensbedingt — ein bekannter Züchter hat mehr Nachfrage, als der Anfänger, das ist verkehrslagebedingt — ein Zwinger in einem versteckten Dorf hat nicht den Zulauf, wie einer in Großstadtnähe, und das ist in der Versorgung des Futters bedingt — ein Züchter, der eine Metzgerei betreibt, ist in einer weit glücklicheren Lage als einer, der das portionsweise über die Ladentheke bezieht. Das sind nur einige der Gründe. Vergleichen Sie, aber hüten Sie sich vor Billigstangeboten. Dort ist etwas faul — in der Aufzucht, im Zuchtmaterial? Keiner kann und will etwas verschenken. Der Preis einer ausgewachsenen Dogge oder gar eines Siegerhundes läßt sich noch weniger bestimmen. Wir begeben uns hier auf das diffizile Gebiet der subjektiven Wertschätzung. »Eine Dogge ist soviel wert, wie ein Narr dafür ausgibt.« Die oberste Grenze bilden die von manchen Käufern gezahlten Liebhaberpreise.

Der Kaufvertrag

Haben Sie den Welpen Ihrer Wahl gefunden und entspricht auch der Preis Ihren Vorstellungen, steht dem Abschluß des Kaufes eigentlich nichts im Wege. Für den Kaufvertrag ist gesetzlich keine bestimmte Form vorgeschrieben. Er kann demnach auch mündlich geschlossen werden. Es empfiehlt sich jedoch die Abfassung eines kurzen schriftlichen Vertrages, der folgende wesentliche Bestandteile enthalten soll: Name und Wohnort der Vertragspartner, Kurzbeschreibung der Dogge, Kaufpreis, Zahlungsbedingungen, Erfüllungsort, Regelung des Transports, eventuell zusätzliche Vereinbarungen oder Garantien des Verkäufers, zuletzt Ort, Datum und Unterschrift der Partner. Die Ausfertigung nimmt man am besten in zwei Exemplaren vor, von denen Verkäufer und Käufer je eines erhalten. Für alle Rechtsfragen ist das Bürgerliche Gesetzbuch (BGB) zuständig. Enthält der Vertrag in seiner Abfassung Unklarheiten, ist deswegen auch im Falle eines späteren Rechtsstreites noch nicht alles verfahren. Zunächst kommt nämlich der § 133 BGB zur Anwendung, der besagt: »Bei der Auslegung einer Willenserklärung ist der wirkliche Wille zu erforschen und nicht an dem buchstäblichen Sinne des Ausdrucks zu haften.« Dann folgt sinngemäß der § 157 BGB: »Verträge sind so auszulegen, wie Treu und Glauben mit Rücksicht auf die Verkehrssitte es erfordern.« Meist geht der Besitzwechsel ja ohne Schwierigkeiten vonstatten. Kritisch wird die Sache erst, wenn sich bei der gekauften Dogge Mängel zeigen. Sei es, daß der Gesundheitszustand bedenklich ist, sei es, daß die Dogge eine ausdrücklich bedungene Eigenschaft in Wirklichkeit nicht mitbringt oder sonstige verborgene Fehler im nachhinein auftreten. Zur Beruhigung angehender Käufer nehme ich vorweg, daß in Deutschland alle Möglichkeiten bereits seit langem gesetzlich geregelt sind, so daß sie von jedermann gelesen und auch verstanden werden können:

»Der Verkäufer einer Sache haftet dem Käufer dafür, daß sie zu der Zeit, zu welcher die Gefahr auf den Käufer übergeht, nicht mit Fehlern behaftet ist, die den Wert oder die Tauglichkeit zu dem gewöhnlichen oder dem nach dem Vertrage vorausgesetzten Gebrauch aufheben oder mindern. Eine unerhebliche Minderung des Wertes oder der Tauglichkeit kommt nicht in Betracht. Der Verkäufer haftet auch dafür, daß die Sache zur Zeit des Überganges der Gefahr die zugesicherten Eigenschaften hat« (§ 459).

»Der Verkäufer hat einen Mangel der verkauften Sache nicht zu vertreten, wenn der Käufer den Mangel bei dem Abschlusse des Kaufes kennt ...« (§ 460).

Wegen eines Mangels, den der Verkäufer zu vertreten hat, kann der Käufer Rückgängigmachung des Kaufes (Wandelung) oder Herabsetzung des Kaufpreises (Minderung) verlangen, oder sogar Schadenersatz wegen Nichterfüllung, wenn eine zugesicherte Eigenschaft fehlt oder der Verkäufer einen Fehler arglistig verschwiegen hat. Außer bei arglistigem Verschweigen verjährt die Einspruchsfrist in sechs Monaten von der Ablieferung an. Der Gesetzgeber erlaubt, vertraglich Gewährleistungen auszuschließen und die Fristen zu verändern. Davon machen natürlich kluge Verkäufer Gebrauch. Deshalb zum Abschluß nochmals mein Rat: im Zweifelsfalle ziehen Sie einen Tierarzt zu Rate.

 Vielversprechender Nachwuchs, unkupiert.

Muß ich mit meiner Hündin züchten?

Diese Frage ist oft an mich gerichtet worden, und ich war immer sehr erstaunt, wenn gleich dahinter das Argument angeführt wurde, »ja, aber mein Tierarzt hat mir dazu geraten«, und es folgten dann Begründungen, wie: die Hündin wird dann nicht mehr scheinträchtig, sie bekommt keinen Gebärmutterkrebs und dergleichen mehr. Armer Tierarzt — wenn es sein Rat wäre! Nein, eine Hündin muß nicht zur Zucht verwendet werden, um gesund zu bleiben. Denken Sie einmal logisch und verzeihen Sie mir den Vergleich: Sterben kinderlose Frauen eher als kinderreiche? Ich bin fast geneigt, das Gegenteil anzunehmen. Wer züchten will aus Berufung, möge das tun.

Seine Frage muß dann allerdings lauten: »Darf ich mit meiner Hündin züchten?« Eine positive Antwort hierzu kann es nur geben, wenn der zukünftige Züchter sein Tier einer Zuchtzulassungsprüfung (Körung) durch den Deutschen Doggen-Club unterzogen hat und festgestellt wird, daß seine Dogge die gesundheitlichen und rassetypischen Qualitäten trägt, die sie für eine Weiterzucht geeignet erscheinen lassen.

Bevor Sie sich zu diesem Schritt entschließen, überprüfen Sie ehrlich, ob Sie über Zeit, Platz und geldliche Mittel in genügendem Maße verfügen, um einen Wurf Deutscher Doggen aufzuziehen.

Hüftgelenksdysplasie

Die Hüftgelenksdysplasie, kurz HD genannt, ist eine Fehlentwicklung des Hüftgelenkes. Die normale Gelenkpfanne stellt eine halbkugelförmige Vertiefung im Beckenknochen dar. Sie ist fast ganz rund und tief. Der Gelenkkopf des Oberschenkelknochens wird etwa zu zwei Drittel von der Gelenkpfanne umschlossen.

Bei der HD ist die Gelenkpfanne deutlich flacher und länglicher als normal. Dadurch findet der Gelenkkopf des Oberschenkelknochens (Femurkopf) nicht mehr genügend Halt in der Pfanne. Bei Belastung, unter Umständen schon durch das eigene Körpergewicht, wird der Gelenkkopf gegen den Rand des Gelenkes oder auch aus der Gelenkhöhle herausgedrückt. Chronische Entzündungen sind die Folge. Die Anzeichen der HD sind nicht einheitlich. So deuten ein zögernder, schwankender Gang bei Steifheit der Hinterhand auf eine fortgeschrittene HD hin. Die Tiere setzen sich oft, springen ungern und ermüden sehr schnell. Häufig sieht man auch Muskelschwund an den hinteren Gliedmaßen. Dagegen lassen sich bei leichter HD in der Regel keine äußeren Krankheitserscheinungen feststellen. Die HD ist erblich bedingt, läßt sich aber nicht aus dem einfachen Mendelschen Erbgang erklären. Eine Reihe von Faktoren, wie zum Beispiel unsachgemäße Fütterung, Übermaß an Vitaminen, körperliche Überbeanspruchung während der Aufzucht, hormonelle Störungen oder individuelle Wachstumsgeschwindigkeit, können die Entwicklung der HD beeinflussen. Die genaue Diagnose der HD läßt sich nur röntgenologisch stellen, wenn die Entwicklung des Knochengerüstes abgeschlossen ist. Der DDC versucht seit einigen Jahren, der Verbreitung der HD Herr zu werden, indem er für alle Doggen, mit denen gezüchtet werden soll, eine diesbezügliche Untersuchung vorschreibt. Doggen mit mittlerer und schwerer HD erhalten keine Zuchterlaubnis.

Starkknochig, mit knorrigen Gelenken — Kupierte Ohren, zu »Tüten« geklebt.

Hundehaltung – ein Kompromiß

Die Dogge im Haus

Es gibt so viele Möglichkeiten, eine Dogge zu halten, wie es Doggenhalter gibt. Fast jeder schwört auf seine Methode und denkt, sein Hund habe es besonders gut. Leider wird es in unserem technisierten (übervölkerten) Zeitalter eine »ideale« Hundehaltung kaum noch geben. Selbst auf dem Dorf gebieten hundehassende Nachbarn, ausgelegtes Gift für die Schädlingsbekämpfung, Jagdaufseher und sich ausbreitende Tollwut die Hunde in »relativer« Gefangenschaft zu halten.
Zum Wohlbefinden einer Dogge gehört unbedingt der »seelische« Raum, der es ihr ermöglicht, ihre Persönlichkeit zu entfalten, Dazu braucht sie einerseits sozialen Kontakt, andererseits die Möglichkeit, sich auch einmal zurückziehen zu können und allein zu sein. Als Einzelhund in einen Zwinger gesperrt ist sie zu vergleichen mit einem Menschen, der zur Einzelhaft verurteilt wurde. Und wer erträgt das auf die Dauer, ohne seelisch Schaden zu nehmen? Es bedarf keiner Frage: als Einzelhund, in der Familie gehalten, entwickelt die Dogge den gesamten Fächer ihrer guten Eigenschaften, die sie in einer Zeit der wachsenden Kriminalität zum Wach-, Schutz- und Begleithund zugleich werden läßt.
Die Frage, ob ein Hund von der Größe einer Dogge in der Stadt zu halten ist, wird nicht so sehr von der Größe der Wohnung entschieden, als vielmehr von der Möglichkeit des Auslaufes. Auch eine Dogge könnte durchaus in einem Einzimmer-Appartement gehalten werden, denn in der Wohnung schläft sie doch meistens auf ihrem Platz oder in der Nähe von Frauchen und Herrchen.
Zum Problem in einer Kleinstwohnung wird nur die freudige Begrüßung des nach Hause kommenden Besitzers, da dann alle zerbrechlichen Gegenstände in Rutenhöhe gefährdet sind. Bei der Dogge besteht dabei leicht die Gefahr des Aufschlagens der Rutenspitze. Dies führt nicht selten zu Entzündungen, die auf die Knochenhaut übergreifen und in ungünstigen Fällen zur Teilamputation führen können.
Trotz ihrer Größe ist die Dogge ein ruhiger Hund, der immer bemüht ist, sich seiner Familie anzupassen und zu gefallen. Man sieht sie, doch man

Aufforderung zum Spiel.

hört sie nicht. Schaffen wir ihr daher einen kleinen Platz außerhalb des Bewegungsraumes der Familie, frei von Zugluft oder übermäßiger Hitze, wo sie sich zum Schlafen und Entspannen zurückziehen kann.

Der junge Haushund

Es ist natürlich unklug, einen Welpen bereits in den ersten Nächten durch das Haus spazieren zu lassen. Wo also hin mit ihm? Pfützchen und Häufchen lassen sich am besten dort entfernen, wo der Boden mit Fliesen oder Kunststoff belegt ist. Wer innerhalb des Hauses einen großen Raum zur Verfügung hat, den er zum Hunderaum umfunktionieren kann, um so besser. Doch Teppiche, Gardinen und Polstermöbel entfernen Sie am besten vorher; sie sind dem Spieltrieb eines Welpen nicht gewachsen. Wollen Sie ein übriges tun, so bauen Sie einen kleinen Verschlag (etwa 3 qm) in Form eines Laufställchens für Kinder. Man kann das mit einem Holzrahmen tun und daran Maschendraht mit Krampen befestigen. Hier hinein stellen Sie dann eine kleine Kiste als Bett und Ihr Welpe wird schnell lernen, dort zu schlafen und sein Lager nicht zu beschmutzen. Dunkle und feuchte Kellerräume sind hingegen keine Aufenthalts- oder Schlafstätten für Doggen.

Hundebetten – Lagerstätten

Hundebetten können Sie in jedem Fachgeschäft für Hundebedarfsartikel oder in der entsprechenden Abteilung eines Warenhauses erwerben. Der Laie möchte es natürlich besonders gut und komfortabel machen und ersteht einen geflochtenen Korb aus Weidenruten. Ich rate ab. Der Welpe probiert mit seinen Zähnchen alles, was zu erreichen ist. Und so ein Korb verführt zum Nagen. In kurzer Zeit ist der Korbrand zerstört, und die scharfkantigen Weidenstäbchen bilden eine Verletzungsgefahr für Herrchen und Hund. Ihre Ausgaben waren vergeblich, noch ehe die Dogge erwachsen ist. Aber schlimmer noch, ein Stück Korbgeflecht, das im Hals oder Magen steckenbleibt, kann sogar das Aufsuchen eines Tierarztes erforderlich machen.

Zweckmäßig, wenn auch nicht ganz so schön anzusehen, ist eine Kiste aus gehobelten Fußbodenbrettern. Wer Geschick hat, kann leicht selbst solch einen Liegeplatz (1,10 × 1,00 × 0,30 m) erstellen. Diese Kiste, groß genug um hineinzuwachsen, reicht auch für die erwachsene Dogge. Ein Welpe benötigt zum Schlafen die Wärme und schmiegt sich im Zwinger bei Mutter und Geschwistern an. Da der Platz unserer Kiste noch zu groß ist, füllen wir ihn halt mit Decken und Kissen aus und geben als Unterlage eine alte Matratze hinein. Es empfiehlt sich, die Schlafkiste etwas höher zu stellen, damit vom Fenster einfallende kalte Luft oder Zugluft sich nicht vor der Kiste staut und über sie hinwegstreicht, sondern unter ihr hindurchzieht.

Sobald Ihre Dogge über das Alter des »Kaputtmachens« hinaus ist, empfehle ich Ihnen eine Schaumgummimatratze (1,10 × 0,80 m), für die Sie sich gleichzeitig mehrere Bezüge aus Segeltuch oder Drell besorgen, zum schnellen Wechseln und Waschen. Solch ein Bett läßt sich überall dort deponieren, wo Sie Ihrer Dogge erlauben, im Kreise der Familie dabei zu sein. Diese weiche Unterlage verhindert außerdem die Hautabschürfungen an den Ellenbogen, die bei harter Unterlage entstehen und zur Hornhautbildung und Verdickungen führen, die wir mit »Liegebeulen« bezeichnen.

Die Dogge im Garten

Zum guten Gedeihen unserer Dogge gehört eine möglichst natürliche Lebensweise. Das A und O der idealen Doggenhaltung sind neben einer artgemäßen Ernährung Licht, Luft und freie Bewegung. Geben Sie ihr also die Möglichkeit, sich ihrem natürlichen Forschungsdrang widmen zu können, bei freier Bewegung in Haus und Garten. Doch ich möchte nicht mißverstanden werden. Die Freiheit, die Sie ihr gewähren, muß eine beschränkte sein; denn zu groß sind die Gefahren, die einer frei laufenden Dogge drohen und außerdem, welcher Hausherr läßt sich schon gerne den mühsam gepflegten Zier- oder Kräutergarten durch einen übermütigen Hund zerstören, auch wenn es der eigene ist? Nur Draht und etwas Arbeit gehören dazu, um der Dogge ein Stück des Gartens einzuzäunen. So ein Tageszwinger entlastet die putzende Hausfrau und schafft die Möglichkeit, die Dogge für einen ängstlichen Besucher auszusperren.

Was man beim Bau eines Zwingers beachten sollte

Häufig werden beim Bau eines Zwingers Fehler gemacht, die sich bei einiger Überlegung leicht vermeiden lassen. So ein Auslauf im Freien sollte mindestens 10 × 10 m groß sein — je größer, um so besser; ein Freiraum jedenfalls, der neben sonnigem auch schattigen Platz hat, in dem sie sich austoben kann, ohne mit der Rute anzuschlagen.

Der Auslauf

Als Untergrund für den Auslauf ist tiefer, sauberer Sand sehr gut geeignet. Grasausläufe sind schön, wenn sie genügend groß sind. Durch Urin und tiefgegrabene Löcher sind sie sonst schnell zerstört. Was übrig bleibt ist meistens eine Schlammwüste. Grasbewuchs hat außerdem den Nachteil, daß er sich nur mühsam sauber halten läßt. Aus diesem Grunde halte ich auch Kies oder Koksasche für ungeeignet. Als zweckmäßig hat sich erwiesen, den Zwinger mit Zementmörtel auszugießen oder mit Rasensteinplatten zu belegen. Bei leichtem Gefälle kann sich keine stauende Nässe bilden. Dieser Untergrund läßt sich gut sauberhalten durch tägliches Ausfegen oder Ausspritzen mit Wasser. Zementuntergrund ist kalt, und Doggen, die länger darauf liegen, erkranken. Zum Ausruhen gehört daher eine Holzplattform (1 × 2 m) hinein.

Zwingereinzäunung

Die einfachste und billigste Art der Einzäunung ist, wie bereits erwähnt, verzinkter Maschendraht. Dieser wird an Holz- oder Eisenpfählen befestigt. Ein mit Kunststoff überzogener Draht würde dagegen von Hundezähnen bald zerstört.

Ich warte hier . . .

Zur Erreichung einer größeren Stabilität dienen von Pfahl zu Pfahl angebrachte Querverstrebungen. So wirkt das Ganze wie ein Rahmen, gegen den sich eine Dogge ruhig einmal in ihrer ganzen Größe lehnen kann, ohne den Draht herunterzudrücken. Wer nicht auf den Pfennig schaut, kann vorgefertigte Segmente aus verzinktem Eisendraht über eine Spezialfirma beziehen. Bei mitgelieferter Anleitung sind diese leicht zu montieren.

Hundehütte

Am 6. Juni 1974 wurde von der Bundesregierung zum Tierschutzgesetz vom 24. Juli 1972 eine Rechtsverordnung über das Halten von Hunden im Freien erlassen. Hunde dürfen nur dann in offenen oder teilweise offenen Zwingern gehalten werden, wenn ihnen innerhalb ihres Zwingers oder unmittelbar mit dem Zwinger verbunden ein Schutzraum zur Verfügung steht. Der Schutzraum muß so bemessen sein, daß der Hund sich darin verhaltensgerecht bewegen und den Raum durch seine Körperwärme warmhalten kann. Die Öffnung des Schutzraumes darf nur so groß sein, daß der Hund ungehindert hindurch gelangen kann. Die Öffnung muß der Wetterseite abgewandt und gegen Wind und Niederschlag

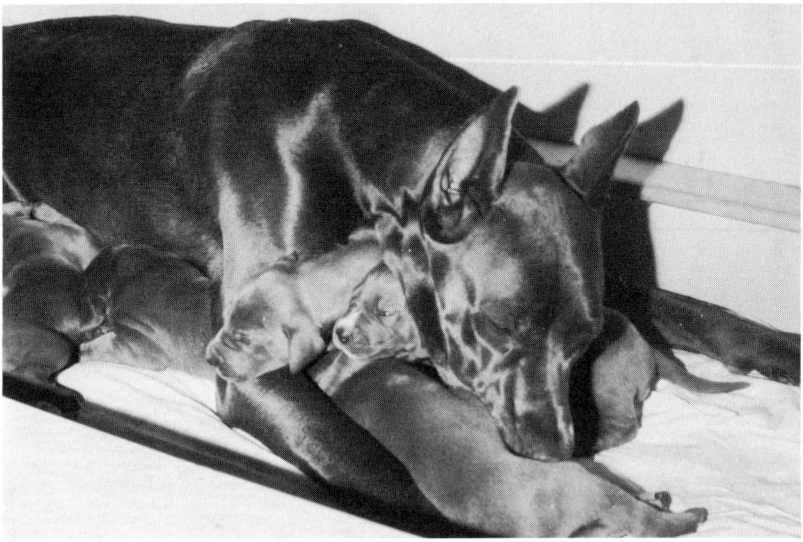

Geborgen an der Mutter.

abgeschirmt sein. Zur Erhaltung der Eigenwärme halte ich vorgehängte Säcke oder Decken für wenig geeignet, weil sie meist seitlich verschoben werden oder abgerissen werden. Wesentlich zweckmäßiger sind Hütten mit einem doppelten Eingang, das heißt, die erste Türe führt in einen kleinen Windfang und die zweite in den eigentlichen Hüttenraum. Für Winter- und Sommeraufenthalt gleich gut geeignet sind doppelwandige Hütten aus Holz (etwa 1,50 × 1,00 × 1,20 m). Auch hier ist es eine Frage des Geldes oder des handwerklichen Geschicks, ob Sie die Hütte kaufen oder selber bauen. Völlig ungeeignet sind zugige und/oder feuchte Schuppen sowie kalte Steinbauten.

Einstreu im Lager

Als Einstreu hat sich neben Stroh und Holzwolle auch Sägemehl bewährt. Das Lager sollte auf jeden Fall so dick sein, daß sich die Dogge darin ein Nest bauen und weich liegen kann. Zur routinemäßigen Pflege gehört ein wöchentlicher Wechsel des Einstreus. Für Zwinger in Stadtbezirken schafft das Probleme; denn woher bezieht man das Stroh und wohin mit dem Abfall? Die Lösung — eine elektrisch beheizte Matte.

»Dem Hunde, wenn er gut erzogen ...«

Einige Grundregeln

Jede Dogge benötigt ein bestimmtes Maß an Erziehung, wenn sie sich nicht zu einem undisziplinierten Lebewesen entwickeln beziehungsweise Alptraum der Familie und Schrecken aller Besucher werden soll. Erziehung ist eine Bildung von Gewohnheiten. Das erfordert Geduld und Aufmerksamkeit und manche vernünftigen Handlungen, die Sie Ihrem Hund »anerziehen« wollen, müssen oft wiederholt werden. Machen Sie sich frei von der Vorstellung, daß Ihre Dogge logisch zu denken oder nachzuahmen vermag. Sie kann lernen, auf bestimmte Töne oder Zeichen zu reagieren. Dabei entwickelt sich ein wunderbares Erinnerungsvermögen. Je mehr Sie mit Ihrer Dogge üben, desto leichter lernt sie — wie wir Menschen. Doch, fangen Sie nicht mit einer Erziehungslektion an, wenn Sie diese nicht konsequent zu Ende führen wollen und, erlauben Sie Ihrer Dogge nicht heute Dinge zu tun, die Sie morgen verbieten.
Als Meutetier ist jedem Hund der Begriff der Autorität angeboren. Unter diesem Aspekt ist er bereit, sich den Befehlen des »Rudelführers« zu beugen. Sie können Ihre Dogge zu Handlungen erziehen, die das Zusammenleben mit ihr zu einer persönlichen Freude werden läßt und den Respekt selbst hundefeindlicher Mitmenschen hervorruft.
»Lob und Tadel sind der Zugang des Menschen in die Welt des Hundes« (Niemand). Am Tonfall Ihrer Stimme, an Ihren jeweiligen Gebärden wird die Dogge ablesen, ob Sie loben oder tadeln. Dies gilt natürlich nur dann, wenn sie vorher den Sinn Ihrer Handlungen begriffen hat.
Müssen wir einmal ernstlich strafen, so gilt als oberster Grundsatz, daß dieses unmittelbar und folgerichtig nach der Tat geschehen muß. Bestrafung ist nicht gleichzusetzen mit körperlicher Züchtigung.
Schon der scharfe Ton Ihrer Stimme kann die freundliche Hundewelt der sensiblen Dogge zum Einstürzen bringen. Wenn die Situation es erfordert, scheuen Sie sich hingegen auch nicht, einmal die Hand zum Züchtigen zu gebrauchen. Ihre Dogge wird dadurch nicht gleich handscheu und wird bei gerechter Bestrafung schnell begreifen, daß die Hand,

die sie züchtigt, dieselbe ist, die ihr auch das Futter bringt. In der Erprobung ihrer Kraft neigen Rüden im »Flegelalter« hin und wieder dazu, sich gegen den »Meuteführer« aufzulehnen. Hier ist es durchaus einmal angebracht, mit entsprechend starken Zwangsmitteln wie der Peitsche die alte Ordnung aufrechtzuerhalten. Der Erfolg beweist, daß eine liebevoll, aber mit Konsequenz erzogene Dogge ein viel angenehmerer und anhänglicherer Hausgenosse ist, als eine solche, die tun und lassen kann, was sie will.

Erziehung zur Stubenreinheit

Unsere erste Erziehungsaufgabe konzentriert sich darauf, den Welpen stubenrein zu machen. Wenn wir ihm eine feste Regel bieten, läßt er sich sehr schnell dazu trainieren. Führen Sie den Welpen grundsätzlich nach jeder Mahlzeit und sobald er aus dem Schlaf erwacht ist hinaus und zwischendurch so oft wie möglich. Dazu kommen die üblichen Morgen- und Abendgänge. Loben Sie ihn, wenn er sich draußen entleert, und tun Sie Ihr Mißfallen laut kund, wenn er sich einmal im Hause vergißt. Rufen Sie »Pfui«, wenn er sich hinhockt, um sein Geschäft zu erledigen. Für den vergeßlichen Übeltäter genügt oft ein zusätzlicher Klaps mit der Zeitung auf das Hinterteil. Das erschreckt ihn und unterbricht ihn in seiner Absicht. Dann führen Sie ihn sofort nach draußen. Schon nach kurzer Zeit wird er begreifen und melden, wenn er hinaus will.

Alleinsein will gelernt sein

Es ist erschreckend, wie viele Hundebesitzer einfach nicht in der Lage sind, ihren Hund für einige Zeit alleine zu lassen. Es gibt Hunde, die unaufhörlich heulen oder bellen, wenn die Familie ausgegangen ist. Andere zerkratzen die Türen, nagen die Möbel an oder verunreinigen die Wohnung. Den verzweifelten Besitzern bleibt dann nur noch die Wahl zu resignieren oder den Hund abzugeben. Mit der Erziehung zur Selbständigkeit des Doggenwelpen beginnen Sie darum bereits bei der Ankunft. »Was man Hänschen nicht lehrt, lernt Hans nimmermehr!« Mein Rat: Holen Sie den Welpen möglichst früh am Tage zu sich. Er hat dann genügend Zeit, sich an Sie und seine neue Umgebung zu gewöhnen. Vielleicht wählen Sie hierzu das Wochenende oder opfern einen Urlaubstag, damit Sie sich genügend mit ihm beschäftigen können.

Winterurlaub.

Die erste Nacht kann für beide Teile ein Problem werden. Während am Tag noch vieles die Neugier des Welpen erregte, überkommt ihn in nächtlicher Stille plötzlich der ganze Kummer der Welt. Er beginnt zu rumoren. Bleiben Sie hart. Wenn er Sie jetzt durch seinen Jammer herbeilockt, haben Sie verloren. Um die Nachtruhe zu retten, hat schon so mancher den Welpen zu sich ins Bett geholt. Tun Sie es nicht! Ihr Hund wird dann auch für den Rest seines Lebens dort seine Nachtruhe finden; und mit einer zentnerschweren Dogge auf der Bettdecke zu schlafen, ist gar nicht so leicht. Versuchen Sie es einmal mit einem lauttickenden Wecker oder mit einem auf Zimmerlautstärke eingestellten Radio im Schlafraum des Welpen. Der kleine Kerl fühlt sich dann nicht so allein.

Das Training zum Alleinsein üben Sie auch tagsüber. Zeigen Sie ihm von Anfang an, daß er nicht fortgesetzt in Ihrer Gesellschaft sein kann, auch wenn Sie zu Hause sind. Versuchen Sie diese Übung mit folgendem

Rezept: Beobachten Sie den Welpen zunächst vom Nachbarzimmer aus, wo Sie ihn zwar hören, wo er Sie aber weder sehen, hören oder riechen kann. Beim ersten Bellen stürzen Sie hinzu und strafen ihn. Wiederholen Sie diese Lektion und dehnen Sie mit der Zeit Ihre Abwesenheit immer länger aus. Auch der hartnäckigste Bursche wird sich einprägen, daß er Sie zurückholt, um ihn zu strafen. Manche Welpen lernen leider nur durch den physischen Schmerz.
Für den Zwingerhund kann auch Wasser ein probates Mittel sein, einen dauernden Ruhestörer zum Schweigen zu bringen. Aus Verzweiflung habe ich es selbst einmal in meinem Zwinger in der Innenstadt mit Erfolg angewendet, und zwar mit Hilfe eines Gartenschlauches, den ich normalerweise zum Ausspritzen des Hundeauslaufes benutze. Bei jedem Bellen bin ich hinausgeeilt, habe den Wasserhahn geöffnet und mit den Worten »Aus« den Schlauch auf die Doggen gerichtet. Auch jungen Tieren ist in kurzer Zeit klar geworden, daß ihr Bellen mich herbeiholte, sie zu übergießen. Das Wort »Aus« genügte fortan, sie zum Schweigen zu bringen.

An der Leine gehen

Bevor Sie mit dieser Lektion beginnen, legen Sie zur Gewöhnung bereits einige Tage vorher ein flaches Leder- oder Kettenhalsband an. Achten Sie darauf, daß dieses Halsband nicht zu groß ist und bringen Sie das Halsband »auf Zug« an, sonst entwindet sich der Welpe beim ersten schreckhaften Zurücksetzen. Stachelhalsbänder sind auch bei erwachsenen Doggen verpönt und zeugen von der pädagogischen Unfähigkeit der Besitzer. Damit sich Ihr Welpe an die Leine gewöhnt, machen Sie ein Spiel daraus. Geben Sie ihm ruhig einmal nach, wenn er zurücksetzt. Überreden Sie ihn mit freundlichen Worten und geben Sie ihm unterwegs öfters eine Belohnung, wenn er mit Ihnen trabt. Auf keinen Fall unterliegen Sie der Versuchung und zerren ihn mit Gewalt vorwärts, wenn er sich dagegen stemmt, in Ihre Richtung zu gehen. Doch verstehen Sie recht, diese Lektionen an der Leine sind Vorübungen für das spätere Training. Es ist eine Unsitte, junge Doggen, bevor sie acht Monate alt sind, zu stundenlangen Spaziergängen mitzunehmen. Überanstrengte Sehnen, Muskeln und Knochen wirken sich äußerst nachteilig auf das weitere Wachstum aus. Der junge Hund braucht einen Tummelplatz, wo er sich frei laufend Bewegung verschafft. Wo dieser fehlt, ist eine Aufzucht schwer.

Bei Fuß gehen

Sind Sie, lieber Leser, nicht auch schon einmal kopfschüttelnd stehen geblieben und haben beobachtet, wie ein großer Hund sein Herrchen spazierenführte? Nein, was sage ich, nicht führte, sondern vorwärtsriß, um die Ecken, dann kreuz und quer über die Straße, von Baum zu Baum! Ihre Dogge muß lernen, »bei Fuß« zu gehen. Das ist stets an der linken Seite des Besitzers, ein wenig dahinter. Führen Sie den Hund mit einer kurzen Leine und sagen Sie immer wieder »bei Fuß!« Will er vorpreschen, ziehen Sie mit einem Ruck zurück, zur Not geben Sie einen kleinen Nasenstüber. Geht Ihre Dogge brav bei lockerer Leine, loben Sie und geben Sie ihr hin und wieder ein Häppchen. Nichts ist erfreulicher anzusehen, als eine Dogge, die diese Lektionen gelernt hat und dann auch ohne Leine ihrem Besitzer durch den aufregendsten Großstadtverkehr folgt.

»Komm!«

Jeder Welpenbesitzer macht einmal die Erfahrung, daß er seinen Hund ruft »Komm« und der läuft statt dessen in entgegengesetzter Richtung davon. Kehrt er nach einiger Zeit aus freien Stücken zurück, setzt es Prügel. Was wird geschehen? Das nächste Mal läuft er wieder davon, denn er hat das Gefühl, daß seine Rückkehr unerwünscht ist. Deshalb ruhig Blut, wenn Sie auch innerlich vor Wut kochen, loben Sie ihn, sobald er zurückkommt. Hunde nehmen Worte nur als Töne auf, die sie mit einer Handlung verbinden. Verbinden Sie daher das Wort »Komm« immer mit der Verabreichung eines Leckerbissens. So wird Ihre Dogge nach einer Weile auch ohne Verabreichung von Futter auf dieses Wort reagieren. Eine schnelle und kompromißlose Befolgung dieses Befehles ist wichtig, wenn Ihre frei laufende Dogge zum Beispiel plötzlich einer Wildfährte folgt oder eine gefährliche Situation für sie droht.

»Setz dich!«

Die nächste Lektion heißt »Setz dich!« Bewährt hat sich die alte Methode, einen Welpen zum Sitzen zu zwingen, indem man sein Hinterteil hinabdrückt und dabei gleichzeitig seinen Kopf mit der Leine hochzieht. Wiederholen Sie dabei immer wieder »Setz dich!« und sparen Sie nicht mit

Belohnung, wenn er diesem Befehl nachkommt. Nach einiger Zeit wird er ihn auch ohne Leine befolgen.
Erst wenn diese Lektion beherrscht wird, gehen wir zur nächsten über.

»Leg dich« oder »Platz«

Das leichte Hochziehen des Kopfes bei gleichzeitigem Hinabdrücken des Hinterteiles hat Ihre Dogge veranlaßt, sich zu setzen. Diese Übung können Sie jetzt erweitern, indem Sie versuchen, auch die vordere Partie niederzudrücken, bei ständiger Wiederholung des Kommandos »Leg dich!«. Unterstützen Sie diesen Befehl, indem Sie sich seitlich vor Ihren Hund niederknien und dessen Vorderbeine nach vorne ziehen. Halten Sie ihn so eine Zeitlang in liegender Stellung und loben Sie »So ist's brav! Leg dich«. Ihre Dogge wird auch diese Lektion schnell begreifen, nur wird es ihr zunächst schwerfallen, liegen zu bleiben, sobald Sie aufstehen. Versuchen Sie es, indem Sie beim Aufstehen die Hand beschwörend über sie halten unter ständiger Wiederholung Ihres Befehls.
Wir wollen es bei diesen Lektionen belassen. Wichtig ist, daß Ihr Hund Sie anerkennt und gelernt hat, zu gehorchen. Die Befehle, die Sie geben, müssen kurz und gut zu unterscheiden sein, wie »Komm«, »Platz«, »Sitz«, »Aus« und dergleichen.
Wer seine Dogge zum Schutz- und Gebrauchshund erziehen will, sollte sich hierzu ausreichende Kenntnisse aneignen. Er tut gut daran, wenn er sich einem örtlich zuständigen Gebrauchshundeverein anschließt oder die Übungsstunden der Ortsgruppen des Deutschen Doggen-Clubs besucht. Die Deutsche Dogge, obwohl lange Zeit als Luxushund gehalten, bringt alle Fähigkeiten mit, die man von einem Gebrauchshund verlangt. Mit einem befähigten Führer hat sie keine Schwierigkeiten, entsprechende Ausbildungsqualifikationen wie Schutzhundeprüfung I bis III abzulegen. Wenn sie bisher nicht unter den Gebrauchshunden geführt wird, dann liegt das wohl daran, daß behördlicherseits (Polizei, Zoll) Rassen mittlerer Größe bevorzugt werden. Diese stellen nicht die hohen Ansprüche an Haltung und Aufzucht wie eine Deutsche Dogge.

Training

Training nennen wir die tägliche Arbeit des Sportlers, die er verrichten muß, um Sehnen und Muskeln zu stählen für den Wettkampf. Ein solches

Training benötigt auch die Dogge zur Ausmodellierung der Muskeln und für die Erzielung des flüssigen, raumgreifenden Ganges, der das Herz jedes Kenners und Richters im Ring erfreut. Dieser weite Schritt fehlt allen nicht trainierten Doggen, welche den größten Teil ihres Daseins im Zwinger verbringen müssen; er fehlt sogar Hunden, die in großflächigen Zwingern gehalten werden. Das Herumtoben in kurzen Galoppsprüngen im Zwinger und frei laufend beim Spaziergang schafft keine Gänge. Die Dogge muß daher trainiert werden in täglichen Spaziergängen an der Leine. Achten Sie dabei auf einen forschen Gang, bei dem Ihr Hund keine Gelegenheit findet, überall herumzuschnüffeln.
Ein noch besseres Training können Sie Ihrem Hund bieten, wenn Sie ihn neben dem Fahrrad herlaufen lassen. Erlaubt ist das allerdings nur bei einer erwachsenen Dogge. Eine jüngere würde Schaden nehmen. Am Fahrrad wird der Hund rechts geführt. So ist er abgeschirmt vom Fahrzeugverkehr auf der Straße. Der Fahrer achte dabei auf das gleichmäßige Tempo, welches so eingehalten wird, daß die Dogge nicht aus dem Trab herauskommt. Wenn sie gelernt hat, bei Fuß ohne Leine zu folgen, darf sie es auf Feld- oder Waldwegen auch neben dem Fahrrad tun. Bei so »gearbeiteten« Doggen kommen auf Ausstellungen Adel und Körperform

Mutterglück.

weit mehr zur Geltung als bei Tieren, denen dieses Training versagt bleibt.
Sie werden feststellen, es ist auch ein Fitneß-Training für Sie selbst.

Das Anspringen

Zu den Freudebekundungen Ihrer Dogge gehört nicht nur das Wedeln mit der Rute, sondern auch das Anspringen des Begrüßten. Bei einem Welpen mag das ganz putzig sein, bei einer erwachsenen Dogge wird es fatal. Sie kann nicht unterscheiden, ob Sie gerade den Sonntagsanzug tragen und ob der Boden naß ist oder trocken. Die schnellste Methode der Abgewöhnung ist die durch Schmerzen. Wenn sie sich aufstellt, treten Sie ihr leicht auf die Hinterzehen. Der Schmerz wird sich ihr einprägen und das Hochspringen wird sie bald unterlassen.

Kleine Unarten zum Abgewöhnen

Ein junger Hund apportiert gerne. Zu seiner Beschäftigung und um ihn auf Spaziergängen zusätzlich zu bewegen, nutzen Sie das gern aus. Doch eine Unsitte ist es, ihn Steine bringen zu lassen. Das schädigt seine Zähne und nutzt sie vorzeitig ab. Kleinere Äste oder eine Holzhantel sind zu diesem Zweck ein viel besseres Spielzeug. Wenn Sie einen Gummiball werfen, denken Sie daran, ihn am Ende des Spieles wieder an sich zu nehmen. Der Hund würde ihn sonst zerknautschen und möglicherweise verschlucken. Überhaupt muß Ihre Dogge im Spiel lernen, sich hin und wieder ohne Murren etwas abnehmen zu lassen, selbst auch einmal ein Stück Fleisch oder einen Knochen. Dieser Eingriff in ihre Persönlichkeitsrechte kann für sie einmal lebensrettend sein, wenn es gilt, ihr verdorbene Nahrungsmittel abzunehmen. Und da wir gerade beim Essen sind: von Natur aus betteln Hunde nicht. Verderben Sie Ihre Dogge also nicht, indem Sie ihr vom Tisch geben. Bitten Sie auch Ihre Gäste, sie nicht verstohlen mit kleinen Häppchen vom Tisch zu verwöhnen.

Lästiger Liebesbeweis.

Auch das sollte man bedenken

Jeder Doggenbesitzer kommt einmal in die Lage, sich mit gesetzlichen Bestimmungen bezüglich seines Hundes befassen zu müssen, und sei es auch nur, wenn er die Hundesteuer zu bezahlen hat. Das Halten von Hunden und die Haftung für die von ihnen verursachten Schäden sind in einer Anzahl von Gesetzen und Verordnungen untergebracht. Eine zusammenfassende Literatur hierzu besteht leider nicht. Ich will mich auf das Wesentliche beschränken.

Tierhalter-Haftpflicht

Wer einen Hund hält, schafft damit nach Ansicht des Gesetzgebers eine Gefahrenquelle, bei der auch durch sorgfältige Beaufsichtigung die Möglichkeit nicht ausgeschlossen werden kann, daß dieser in seiner Unberechenbarkeit Schäden anrichtet. Für diese Schäden haftet der Hundebesitzer nach § 833 BGB ohne Rücksicht auf eigenes Verschulden. Es muß sich hierbei allerdings um eine »typische Tiergefahr« handeln. Wer über einen friedlich schlafenden Hund stolpert und sich verletzt, kann nicht aus § 833 Schadenersatz verlangen. Aber angenommen, Ihre Dogge will gar nichts anderes, als mit einem kleinen Kind spielen, das dabei aber stürzt und sich ernstlich verletzt, oder, Ihre sonst folgsame Dogge läuft auf die Straße und verursacht einen Verkehrsunfall, dann trifft Sie schon die volle Strenge des Gesetzes. Gefährdungshaftung nennt man das. Sie werden einfach immer schadenersatzpflichtig, wenn Sie es an der »gebotenen Sorgfalt« in bezug auf »Verwahrung und Beaufsichtigung« haben fehlen lassen. Diese Begriffe sind so dehnbar, daß es Sie in der Regel immer trifft. »Cave canem«, das heißt »Hüte dich vor dem Hunde«, ließen schon vor 2000 Jahren die Römer als Mosaik auf dem Fußboden des Vestibüls ihrer Villen anbringen mit gleichzeitiger Abbildung eines Kettenhundes (für die Analphabeten).

Das bloße Anbringen einer Tafel mit der Aufschrift »Vorsicht bissiger Hund« befreit Sie nicht von der Haftpflicht. Wer eine Dogge besitzt, hat sie so zu verwahren, daß Besucher, Postboten und Lieferanten nicht zu

Schaden kommen. Der Einbrecher allerdings, auf frischer Tat gestellt, und vom Hund gebissen, wird wohl oder übel den Schaden selbst zu tragen haben. Auch können Abrichter und Figuranten eines Hundeclubs, also Leute, die sich bewußt Gefahren aussetzen, einen dabei eintretenden Schaden nur in den seltensten Fällen auf den Hundebesitzer abwälzen. Für den Schaden haftet nach dem Gesetz grundsätzlich derjenige, der den Hund hält. Das braucht nicht der regelrechte Eigentümer zu sein. Auch derjenige, der sich einen Hund zum Beispiel für einen Spaziergang ausleiht, übernimmt stillschweigend die Tiergefahr hinsichtlich seiner Person. Vorsicht, wenn Sie Minderjährige mit Ihrer Dogge spazierengehen lassen. Für eventuelle Schäden haften Sie, soweit nicht die Zustimmung der Erziehungsberechtigten vorliegt. Auch die besterzogenste Dogge kann irgendwann einmal im Leben aus der Reihe tanzen und einen Schaden verursachen. Um dieser Gefahr des Personen- und Sachschadens gegenüber Dritten zu entgehen, empfehle ich, eine Hundehaftpflicht-Versicherung abzuschließen. Die Prämie ist im Vergleich zu dem Risiko gering.

Allein möcht' ich nicht bleiben.

Hundehaltung in Mietwohnungen

Nicht alle Doggenfreunde sind in der glücklichen Lage, im Eigenheim zu wohnen. Die meisten Streitigkeiten, die einen Hund betreffen, bestehen häufig zwischen Mieter und Vermieter. Grundlage aller Mietverträge bildet fast immer noch der sogenannte Einheitsmietvertrag aus dem Jahre 1934. Er enthält zunächst einmal ein generelles Verbot der Tierhaltung in Mietwohnungen. Ausnahmen bedürfen der Zustimmung des Vermieters. Aber: »Seitdem die Haltung von Haustieren als Annehmlichkeit empfunden wird, insbesondere in weiten Kreisen der Bevölkerung die Haltung von Hunden als wesentliche Bereicherung des Lebensinhaltes betrachtet wird, gehört auch die Hundehaltung zur Lebensführung«, so ein Urteil des LG Lübeck.
Mittlerweile neigen viele deutsche Gerichte zu der Auffassung, daß über das Vertragsrecht hinaus die Haustierhaltung unter dem besonderen Schutz des Persönlichkeitsrechtes, Art. 2, Abs. 1 Grundgesetz, steht. Doch Prozesse sind immer von Übel. Um Streitigkeiten auszuschließen, sollten Sie von vornherein klare Vereinbarungen treffen. Ihre Rechte als Mieter finden natürlich dort ihre Grenze, wo Sie die Rechte anderer Mitbewohner verletzen. Keiner wird gegen ein gelegentliches Freudegebell Ihrer Dogge etwas einzuwenden haben. Aber gegen einen ausgesprochenen Kläffer und Ruhestörer oder gegen eine Dogge, von der ständig Beschädigungen und Verunreinigungen ausgehen, können sich alle Leidtragenden mit Erfolg wehren. Auch eine bissige Dogge braucht niemand zu dulden. Es liegt also in Ihrem Interesse durch eine entsprechende Erziehung dafür zu sorgen, daß keine berechtigten Anlässe zu Klagen bestehen. In der Regel ist auch nicht einmal der Hund der Stein des Anstoßes, sondern der Besitzer. Tel maître, tel valet! — Wie der Herr, so der Hund!

Hundegebell als Ruhestörung

Nach den Verordnungen zur Lärmbekämpfung, wie sie von den Innenministern der Bundesländer erlassen wurden, heißt es allgemein, daß jeder sich so zu verhalten hat, daß andere nicht mehr als nach den Umständen unvermeidbar durch Geräusche gesundheitlich gefährdet werden. Es bedarf keiner Erläuterung, daß das regelmäßige oder anhaltende Bellen eines Hundes bei Nacht eine Ordnungswidrigkeit im Sinne dieser Verord-

Im Zwinger.

nung darstellt. Auf der anderen Seite ist das normale Bellen während des Tages nicht als eine Gefahr, allenfalls als eine Belästigung anzusehen. Die Frage kann nur sein, wo zeitlich die Grenze zwischen dem ordnungswidrigen Bellen eines Hundes in der Nacht und dem nicht zu beanstandenden Bellen bei Tage liegt. Dem Schutzbedürfnis Dritter scheint dann Genüge getan, wenn in der Zeit von 19 bis 7 Uhr und in der Zeit der üblichen Mittagsruhe von 13 bis 15 Uhr diese Ruhe nicht gestört wird.
Jeder Grundeigentümer ist verpflichtet, bei der Ausübung seines Grundeigentums sich aller übermäßigen Einwirkungen auf das Eigentum des Nachbarn zu enthalten. Zivilrechtlich kann gelegentlich ein sich durch Hundegebell gestört fühlender benachbarter Grundeigentümer auf Unterlassung des Gebells klagen. Doch auch hier gilt, daß nur für bestimmte Zeiten und nicht allgemein verlangt werden kann, Maßnahmen zu treffen, die eine wesentliche Beeinträchtigung ausschließen.

Hundesteuer

Steuergerechtigkeit gibt es nicht. Gegen diese Art der Besteuerung zu Felde zu ziehen, lohnt sich nicht. Das haben schon Berufenere getan. Dem Fiskus ist diese Steuer willkommen, sie erfordert nur einen geringen Verwaltungsaufwand. Die Hundesteuer ist eine Gemeindesteuer. Ihr Erhebungssatz ist daher von Ort zu Ort verschieden, in ländlichen Bezirken meistens niedriger als in Städten. Wenn Sie sich drücken, zahlen Sie Strafe. Züchter zahlen auf Antrag eine niedrigere Zwingersteuer. Dafür sind sie gehalten, am Ende des Jahres den Verkauf ihrer Welpen der Gemeinde zu melden. Von Gemeinde zu Gemeinde kann man so den Weg der Welpen verfolgen. Amtshilfe nennt man das.

Mit der Dogge auf Reisen

Wer seine Dogge liebt, möchte sie auch mit auf Reisen nehmen. Hotelbesitzer und Reiseveranstalter zeigen für den Hundehalter in dieser Hinsicht immer mehr Verständnis. In rund 31 200 Hotels, Pensionen, Gast-

»Setz dich«.

»Platz«.

höfen sowie auf 2400 Campingplätzen in Europa, für die es einen speziellen Reiseführer gibt (»Urlaub mit unserem Hund« von Gerd Deußen, 4150 Krefeld, Postfach 605), sind Hunde willkommen.
Urlaubsländer wollen sich vor Seuchen schützen, deshalb verlangen sie bei der Einreise in der Regel ein neues Gesundheitszeugnis vom Amtstierarzt und den Internationalen Impfschein, in dem bescheinigt werden muß, daß Ihre Dogge mindestens 30 Tage (längstens ein Jahr) vor Reiseantritt gegen die Tollwut geimpft worden ist. Die Einreise nach England, Irland, Norwegen, Schweden und Finnland ist fast unmöglich. Hunde müssen hier vier bis sieben Monate in Quarantäne gehalten werden.
Die meisten Doggen sind Auto-»Fans«. Doch während der Fahrt gehört die Dogge auf den Rücksitz — wie Kinder. Praktisch zur Absicherung sind Schutzgitter, die sich in jeden Pkw einbauen lassen. Lassen Sie Ihre Dogge während der Fahrt auch nicht die Nase in den Wind stecken. Schwere Augenentzündungen sind oft die Folgen. Und denken Sie daran,

Welches Kommando gilt nun?

wenn Sie unterwegs einmal ohne sie aussteigen, die Fenster einen Spalt weit geöffnet zu lassen und daß dort, wo jetzt Ihr Wagen im Schatten steht, in einer halben Stunde die Sonne brennen kann. Schon mancher Hund ist durch die Vergeßlichkeit seines Besitzers auf diese Weise einem gräßlichen Hitzschlag erlegen.

Als Reiseproviant eignet sich am besten Fertigfutter. Die bekanntesten Marken sind so bekannt wie »Frankfurter Würstchen«. Wer in den Ostblock reist, tut gut daran, ein paar Beutel Vollnahrung einzupacken. Zur Not kommt Ihre Dogge ein bis zwei Tage ohne Nahrung aus, aber nicht ohne zu trinken. Sorgen Sie daher auch für unterwegs stets für frisches Wasser.

Und wenn Ihre Dogge allein zu Hause bleiben muß? Sicher gehören Sie nicht zu den traurigen Zeitgenossen, die ihren Hund einfach aussetzen. Wenn Ihnen keine Pension bekannt ist, erkundigen Sie sich beim örtlichen Tierschutzverein. Manchmal nehmen Tierheime auch Hunde in Pflege.

Mit der Dogge auf Ausstellungen

Wir wollen hier nicht über den Sinn (oder Unsinn) der Ausstellungen philosophieren. Wen es »gepackt« hat, für den gibt es wohl kaum ein größeres sportliches Vergnügen, als mit einer schönen Dogge, gut gepflegt und trainiert, an einer Ausstellung teilzunehmen. Ob der Hund dabei gewinnt oder nicht, ist weniger wichtig. Für den engagierten Doggenbesitzer bleibt die freudige Genugtuung, seinen Hund in vorzüglicher Kondition vorgeführt zu haben, als Krönung seiner Mühe für Aufzucht und Training. Doch ehe es soweit ist, bedarf es für Besitzer und Dogge einiger Vorbereitungen, denn der Hund soll dem Richter ja im besten Lichte erscheinen.

Wenn Sie einen Welpen beim Züchter erstehen, ist er für Sie der liebste und schönste weit und breit. Um aber in der Konkurrenz zu erscheinen, hören Sie sich lieber vorher einmal das Urteil eines unvoreingenommenen Fachmannes an. Vergleichen Sie auch selbst einmal Ihren Hund mit den Punkten des Standards. Besuchen Sie gewissermaßen als stiller Beobachter einige Hundeausstellungen, und merken Sie sich, welche Tricks alte »Ausstellungshasen« anwenden, um ihren Hund zur Geltung zu bringen.

Wir unterscheiden nach der Zuchtschauordnung des Verbandes für das Deutsche Hundewesen e. V. (VDH), Dortmund, Internationale Zuchtschauen, Allgemeine Zuchtschauen und Spezial-Zuchtschauen. Internationale und allgemeine Zuchtschauen finden unter der Schirmherrschaft des VDH statt. Sie werden nach gleichem Reglement auch von anderen ausländischen kynologischen Vereinen, die der FCI angeschlossen sind, durchgeführt. Ausgeschrieben sind auf internationalen Ausstellungen die Anwartschaften (CACIB = Certificat d'Aptitude au Champion International de Beauté) für den Titel »Internationaler Schönheitschampion« (Championat International de Beauté). Um diesen Titel zu erringen, muß Ihre Dogge vier CACIB in mindestens drei verschiedenen Ländern und unter ebenfalls mindestens drei verschiedenen Richtern zugesprochen bekommen. Bei der ersten Vergabe muß sie mindestens 15 Monate alt sein, und zwischen der ersten und letzten Auszeichnung muß ein Mindestzeitraum von einem Jahr liegen.

Das Reglement dieser Ausstellungen ist streng. Pünktliches Erscheinen für die tierärztliche Einlaßkontrolle ist erforderlich, und vor Ende der Ausstellung darf kein Aussteller mit seinem Hund die Ausstellung verlassen. Die Hunde liegen angekettet in offenen Boxen und dürfen diese nur zum Vorführen im Ring oder zum Lösen auf besonderen Plätzen verlassen.

Familiärer geht es auf den Spezial-Doggen-Ausstellungen zu. Diese werden von den Orts- und Landesgruppen des Deutschen Doggen-Club 1888 e. V. (DDC) veranstaltet. Ausgeschrieben ist hier der Titel eines nationalen Titelträgers auf Schönheit (CAC). Diese Schauen finden meistens im Freien statt, ohne Boxen. Die Doggen verbleiben bei ihren Besitzern, bis sie zum Richten an der Reihe sind.
Die von den Richtern vergebenen Prädikate reichen von »vorzüglich« bis »mangelhaft«. *Vorzüglich* bekommt ein Hund, der in allen Formen höchste Vollkommenheit aufweist, dem Rassestandard in vollendeter Weise entspricht und dem Idealtyp so nahe wie nur möglich kommt. *Sehr gut* erhält ein Hund, dessen Körperbau nahezu fehlerfrei ist und dem Rassestandard im hohen Maße entspricht, der aber trotz edler und beachtenswerter Formen durch geringfügige Fehler nicht ganz die höchste Qualifikation erreicht. *Gut* erhält ein Hund, der den Rassekennzeichen noch ausreichend entspricht, dessen kleine Mängel jedoch seinen Zuchtwert etwas einschränken. *Mangelhaft* bekommt ein Hund, wenn seine erheblichen Fehler es nötig machen, ihn von der Verwendung in der Zucht auszuschließen. Die Fehler brauchen äußerlich nicht unbedingt sichtbar zu sein, es kann sich um schwerwiegende Gebißfehler handeln.

An der Ausstellung dürfen Sie mit Ihrer Dogge teilnehmen, wenn diese eine ordnungsgemäße Ahnentafel des DDC besitzt oder Sie für Ihre Dogge eine von der FCI anerkannte Ahnentafel eines anderen Landes vorlegen können. Das berechtigt Sie, Ihren Hund in der Klasse zu melden, die seinem Alter, seinem Geschlecht und seiner Farbe entspricht. Die Ausstellungstermine finden Sie in den monatlich erscheinenden kynologischen Fachzeitschriften. Hierin ist auch angegeben, über welchen Ausstellungsleiter Sie die Papiere für die Anmeldung zur Ausstellung bekommen.

Zum Ausstellungstraining gehört es, daß sich Ihre Dogge vom Richter anfassen und bereitwillig die Zähne kontrollieren läßt. Zur Beurteilung des Gangwerkes muß sie gelernt haben, an der Leine zu laufen. Während

Hindernisse — kein Problem.

des Richtens hat sie möglichst ruhig zu stehen, mit aufrecht getragenem Kopf, die Hinterläufe leicht zurückgestellt.

Am Morgen der Ausstellung füttern Sie am besten Ihre Dogge nicht mehr. Sie wird die Anreise im Wagen so besser überstehen und auch temperamentvoller im Ring erscheinen. Und dann, wenn Sie mit ihr an der Reihe sind, versuchen Sie, das Zittern Ihrer Knie zu verbergen und konzentrieren Sie sich ganz auf den Hund. Ehe Sie sich's versehen, ist alles vorüber. Vielleicht gehört Ihre Dogge zu den Gewinnern, doch wie auch immer, es ist nur ein Sport und für Sie bleibt Ihr Hund doch der beste der Welt.

Ein Wort zur alternden Dogge

»... 10 Jahre — ›gelebtes Leben‹ mit einem Hund in einer glücklichen Familie geben Anlaß zu einem aufrichtigen Dank«, so schrieb mir vor einigen Tagen die Besitzerin der meinem Zwinger entstammenden »Libelle Royal«. Dieser Brief erfüllt mich mit Wehmut und Freude zugleich. Leider gehören die Deutschen Doggen nicht zu den besonders langlebigen Rassen. Diese Geschöpfe, vital und voller Schönheit, haben im Alter von sieben Jahren bereits den Zenit ihres Lebens überschritten. Ihre Kräfte lassen nach, die Knochen werden spröde, die Augen verschlechtern sich und auch das Gehör läßt nach. In den meisten Fällen verliert das Fell seinen Glanz und um Augen und Fang herum werden die Haare grau. Begleitet werden diese Erscheinungen oft von kleinen Wehwehchen, das Aufstehen fällt ihnen schwer, sie zeigen nicht mehr das lebhafte Interesse an ausgedehnten Spaziergängen und suchen statt dessen die Nähe des wärmenden Ofens. Was bleibt, ist die alte Anhänglichkeit und ein vermehrtes Liebebedürfnis.
Doch unsere Dogge, die uns in ihrem Leben soviel Freude bereitet hat, verdient es, daß wir uns auch im Alter um sie kümmern. Es bedarf hierzu von uns keiner großen Umstellung. Regelmäßige, aber keine zu anstrengende Bewegung im Freien, gehaltvolle, der verminderten Bewegung angepaßte Nahrung und ein warmes Lager in der Nähe der Familie, wo sie sich behütet fühlt, tragen zu ihrem Wohlbefinden bei. Manchmal läßt sich mit gutem Erfolg dieser Alterungsprozeß durch Eingabe eines Geriatrikum (= gegen Alterserscheinungen) verzögern. Wer es anwenden will, sollte das nach Beratung mit einem Tierarzt tun.
Es gibt in dem Zusammenleben mit unserer Dogge eine schmerzliche Entscheidung, der wir uns unausweichlich zu stellen haben. Dieser Zeitpunkt ist dann gekommen, wenn altersbedingte Lähmungen oder Geschwulste und Hautentzündungen ein unaufhaltbares Siechtum erzeugen, das sich mit medizinischen Mitteln nicht mehr lindern läßt. Dann sollten Sie den Mut finden zu einem letzten Gang zum Tierarzt, um Ihren Gefährten von seinen Qualen erlösen zu lassen.

Ernährung

Artgerechte Ernährung

Den fleischfressenden Ahnen unseres Hundes wird es nicht jeden Tag gelungen sein, ein Beutetier zu erjagen. Bisweilen mußten sie mit Aas vorlieb nehmen, wenn ihnen die Natur nicht gar einen Fastentag aufzwang. Fleisch war allerdings nicht ihre einzige Nahrung. Mit den Innereien ihrer meist pflanzenfressenden Opfer verzehrten sie mit Vorliebe auch Magen- und Darminhalt, also vorverdaute Pflanzenkost. Aus den Untersuchungen des Mageninhaltes von Wölfen und Füchsen wissen wir, daß darüber hinaus praktisch alles auf dem Speisezettel stand, was die Natur bot: Früchte, Samen und Gräser, Frösche und Schlangen, selbst Insekten wurden verzehrt. Nur durch diese vielseitige Ernährung konnte der Hunger gestillt und der Vitamin- und Mineralstoffbedarf gedeckt werden.
Der Hundehalter muß die Grundregel beachten, die sich aus diesen Freßgewohnheiten ableiten läßt:

Rohes Fleisch ist die Ernährungsgrundlage, aufgeschlossene Pflanzennahrung sowie Vitamine und Mineralstoffe müssen den Speiseplan ergänzen.

Das Tierschutzgesetz verpflichtet jeden Tierhalter, seinem Tier *angemessene artgemäße Nahrung* zu gewähren. Der Hund darf also nicht als Resteverwerter mißbraucht oder in falsch verstandener Tierliebe mit Süßigkeiten gemästet werden. Der Weg zur Tierquälerei wäre nicht weit: Falsche Ernährung kann Fettsucht, innere Erkrankungen oder Hautkrankheiten verursachen. »Länger dauernde oder sich wiederholende erhebliche Schmerzen oder Leiden« sind nicht mit dem Tierschutzgesetz zu vereinbaren. Wegen unsachgemäßer Ernährung hat zwar noch kein vermeintlicher Tierfreund vor dem Richter gestanden, ein verständiger Hundehalter wird sich trotzdem stets bemühen, seinem Hund ausschließlich die ihm bekömmliche Nahrung anzubieten.

Die Wissenschaft verdeutlicht die Grundregeln für eine artgemäße Ernährung. *Bausteine:* Die Nahrung ist aus verschiedenartigen chemischen Bausteinen zusammengesetzt. Fleisch enthält neben Geschmacksstoffen, Salzen und Vitaminen vor allem *Eiweiß*, welches der Hund zum Aufbau eigener Körpersubstanzen unbedingt benötigt. *Fette* dienen als Energielieferanten; zur Erhaltung der Gesundheit müssen ungesättigte Fettsäuren aufgenommen werden. Pflanzliche Nahrungsmittel enthalten neben der für Hunde unverdaulichen Zellulose Eiweiß, Vitamine und Mineralstoffe; wichtigster Bestandteil sind *Kohlehydrate* (Stärke, Zucker), die ebenfalls als Brennstoffe dienen. *Vitamine* sind bekanntlich Stoffe, die im Körper selbst nicht gebildet werden können, aber zur Aufrechterhaltung normaler Körperfunktionen wie Infektionsabwehr, Nervenfunktionen, Blutgerinnung oder für Stoffwechselprozesse unerläßlich sind. *Mineralstoffe* und *Spurenelemente* schließlich sind nicht nur zum Knochenaufbau erforderlich, sondern sind maßgeblich an vielen Stoffwechselvorgängen beteiligt. Alle diese Nahrungsbestandteile sind für Wachstum und Gesundheit des Hundes unentbehrlich.

Mannarbeit.

Erhaltung und *Leistung:* Der Körper befindet sich in einem dauernden Umbau. Altes geht zugrunde und wird durch Neues ersetzt. Zur Erhaltung der Körpersubstanz sind daher Nährstoffe erforderlich. Vor allem werden Eiweißbausteine benötigt. Der wachsende Hund braucht, bezogen auf sein Körpergewicht, mehr Nahrung, als der erwachsene.
Unsere Dogge liegt nicht nur hinter dem Ofen. Sie spielt, springt, läuft, bellt, hechelt bei Hitze und produziert Wärme, wenn es kalt ist. Diese besonderen Leistungen erfordern eine »Leistungszulage«. Sie besteht vor allem aus Kohlehydraten und Fetten, welche die nötige Energie liefern. Als »Fleischfresser« kann der Hund zwar auch aus Eiweiß Energie gewinnen, die Ausbeute ist jedoch gering (und teuer).

Kalorien: Der Nahrungsbedarf wird als Energiebedarf in Kalorien gemessen. Diese Zahl sagt dem Praktiker wenig. Er kann Leistungs- und Erhaltungsbedarf nicht voneinander trennen. Zur Illustration sei angemerkt, daß Dauerarbeit bis zum Vierfachen des Erhaltungswertes erfordern kann. Der Junghund braucht — bezogen auf sein Körpergewicht — zusätzlich zunächst das Doppelte, ab sechstem Monat das 1,5fache an Energie. Sehr kalorienreich sind Fette. Relativ leicht verwertbar ist die Energie aus Kohlehydraten. Nährmittel sind viel gehaltvoller als Rohkost.
Eiweiß: Jedes Futter muß einen Mindestanteil an Eiweiß enthalten. Dieser Anteil ist niedriger, als die Bezeichnung »Fleischfresser« es vermuten läßt. Das Futter des erwachsenen Hundes muß je nach Qualität 20 bis 30% Fleisch enthalten. Hinzu kommen andere tierische Erzeugnisse wie Milchprodukte, Eier oder Fisch. Insgesamt muß mindestens ein Drittel der Futterration aus tierischem Eiweiß bestehen. Hinzu kommt pflanzliches Eiweiß aus den Ergänzungsfuttermitteln. Während des *Wachstums* muß das Futter mindestens zur Hälfte bis zu zwei Dritteln aus Fleisch und anderen Eiweißstoffen bestehen, während der *Trächtigkeit* sogar zu drei Vierteln. Bei besonderen körperlichen Leistungen kann die Fleischration unverändert bleiben; zugelegt werden kohlehydrat- und fetthaltige Futtermittel.

Die Praxis

In der Praxis steht der Hundehalter vor den Fragen:
WAS, WIE, WIE OFT und WIEVIEL?

Die Futtermittel: Innereien wie Herz, Leberabschnitte, Milz, Nieren, Rinderpansen und Blättermagen sowie sogenanntes Maulfleisch, sonstige Fleischabschnitte und mit gewissen Einschränkungen Euter sind ein fast vollwertiger Ersatz für das zu teure Muskelfleisch. Weniger geeignet sind Lunge und Gebärmutter. Besonders wertvoll ist »*grüner Pansen*« (roher, ungereinigter Rindervormagen): Die anhaftenden Futterreste sind bereits teilweise aufgeschlossen und enthalten Vitamine, die aus dem Pflanzenfutter stammen oder im Pansen durch Bakterien gebildet wurden. Grüner Pansen sollte daher nach Möglichkeit dem gereinigten und gebrühten »weißen Pansen« vorgezogen werden; Pansen enthält allerdings nicht alle lebenswichtigen Eiweißbausteine. Deshalb müssen auch andere Eiweiß-Futtermittel auf dem Speisezettel stehen. *Rohe Leber* und *rohe Milz* haben abführende Wirkung. Sie müssen daher gekocht werden. In kleineren Mengen können sie bei Verstopfung als natürliches Abführmittel eingesetzt werden. *Geflügel*innereien und -teile (ohne Röhrenknochen!) sollten gekocht werden, weil sie gelegentlich Durchfallerreger aus der Gruppe der Salmonellen enthalten. Auch grätenfreies Fischfleisch ist geeignet, solange der Hund eine gesunde Leber hat. Selbstverständlich darf es nicht verdorben sein, um »Fischvergiftungen« zu vermeiden. *Milch* enthält eine für das Wachstum besonders geeignete Nährstoffzusammensetzung. Bis zum sechsten Monat kann der Junghund täglich eine mit Milch hergestellte Mahlzeit erhalten. Dann wird die Milch immer stärker verdünnt. Über ein Jahr alte Hunde erhalten keine Milch mehr, weil das Milchfett und der für Hunde unverdauliche Milchzucker den Darminhalt zu weich halten. Dadurch können Verdauungsstörungen und Hauterkrankungen auftreten. *Magerquark* enthält wertvolles Eiweiß und kann daher den Speisezettel sinnvoll ergänzen, wenn dem Hund der Geschmack zusagt. Auch *Eier* dienen einer ausgewogenen Eiweißversorgung. Rohes Vollei führt allerdings gelegentlich zu Durchfällen. Eigelb allein wird auch roh gut vertragen. Stets bekömmlich sind Rührei und gekochte Eier. *Käse* ist entbehrlich, aber nicht schädlich. Käserinden, Wurstpellen, Geräuchertes und Gewürztes gehören nie in den Hundenapf.

Als *Kohlehydratträger* bieten sich Haferflocken, Graupen und Reis an. Diese pflanzlichen Produkte müssen allerdings gekocht werden. Einfacher ist die Verfütterung von »Hundeflocken«, die aus einem Gemisch getoasteter und dadurch verdaulich gemachter Getreideerzeugnisse mit speziellen Beimengungen bestehen und erfahrungsgemäß allen Hunden

gut bekommen. Ein Teil der pflanzlichen Nahrung soll stets aus *Gemüse* bestehen. Die *Vitamin*versorgung kann natürlich nicht ausschließlich aus dem grünen Pansen gedeckt werden. Gehackte Kräuter wie Petersilie oder Kresse, geriebene Äpfel und Mohrrüben, Gemüsesäfte und Bananen sowie Lebertran, Weizenkeimöl und Bierhefe können das Vitaminangebot vervollständigen. Eine sichere und individuelle Dosierung gestatten Vitaminpräparate, die der Tierarzt verordnet.
Für den Junghund ist eine ausreichende Vitamin-D-Versorgung zur Verhütung der Knochenweiche (Rachitis) besonders wichtig. Man hüte sich aber vor Überdosierungen. Auf alle Fälle sollte ein *Mineralstoff*präparat zugefüttert werden. Anstelle der für Vorbeuge und Behandlung des Menschen hergestellten Mittel können die billigeren »*Futterkalk*«-Präparate gewählt werden, die im allgemeinen auch die nötigen *Spurenelemente* enthalten.

Auch *Knochen* enthalten Mineralstoffe. Ihr Wert sollte jedoch nicht überschätzt werden. Sie sind schwer verdaulich und können wegen ihrer stopfenden Wirkung nur in begrenzten Mengen gegeben werden. Dagegen kann ihre Bedeutung für Gebißpflege und -reinigung nicht hoch genug eingeschätzt werden. Knochen, in erster Linie weiche Kalbsknochen, sollten daher vor allem dem jüngeren Hund regelmäßig angeboten werden. Harte Röhrenknochen, insbesondere vom Geflügel, können durch Knochensplitter Darmverletzungen verursachen, während Kotelettknochen sich in der Speiseröhre festsetzen können und daher gemieden werden müssen.

Der Speiseplan

Der Hundehalter hat die Wahl, ob er das Futter selbst zubereitet oder auf Fertigfutter zurückgreift. Mangelschäden braucht er in keinem Fall zu befürchten. Versuche haben gezeigt, daß der Hund ohne weiteres dauernd mit dem gleichen Futter ernährt werden kann, wenn dies optimal zusammengesetzt ist. Er braucht also keine Geschmacksabwechslung.

Eigenrezepte

Bei der Zusammenstellung des Futters »nach Art des Hauses« kann der Anteil eiweißhaltiger Produkte gegenüber den genannten Anteilen erhöht werden. Dies führt möglicherweise zwar zu einem gewissen Luxuskonsum, gibt aber die beruhigende Sicherheit einer ausreichenden Eiweißversorgung. Die Ernährung der *Welpen* bleibt dem Züchter überlassen. Er verfügt allgemein über bewährte Rezepte und wird dem Käufer Ratschläge für die ersten Tage mit auf den Weg geben. Nach dem Kauf sollte der *Junghund* stets einige Tage in der gewohnten Art weiter gefüttert werden. Die Umstellung fällt ohnehin schwer und kann regelrecht auf den Magen schlagen. Nach der Eingewöhnung aber kann er bald die Nahrung erhalten, die unter den häuslichen Verhältnissen am zweckmäßigsten ist. Dabei sind plötzliche, radikale Veränderungen zu vermeiden und die unterschiedlichen Hundegeschmäcker zu berücksichtigen.

Futterfleisch gibt es heute nicht nur in Futterhandlungen, sondern auch in Zoogeschäften, in den Tiefkühltruhen vieler Supermärkte und in fast allen Fleischereien. Ein hygienebewußter Fleischer wird grünen Pansen abpacken und einfrieren. Der Wert wird dadurch nicht eingeschränkt. Zur Aufbewahrung von Futterfleisch hat sich die Gefriertruhe bewährt; das geschnittene Fleisch wird portionsweise verpackt und in einem zusätzlich verschließbaren Plastikbeutel eingefroren. Wer keine Tiefkühltruhe besitzt, kann den nicht frisch oder roh verfütterten Teil des Fleisches durch Kochen und anschließende Kühllagerung für zwei bis drei Tage haltbar machen. Auf grünen Pansen muß dabei wegen der Wohlgerüche, die sich bei der Erhitzung verbreiten würden, verzichtet werden; die wertvollen Inhaltsstoffe würden durch das Kochen ohnehin geschädigt.

Da der Hund sein Fressen nicht kaut, sondern schlingt, wird das Fleisch in maulgerechte Happen geschnitten und vor dem Füttern durch kurzes Überbrühen erwärmt, wobei es innen roh bleibt. Grüner Pansen verdirbt rasch und sollte daher frisch verfüttert werden. Man sollte seinem Hund wenigstens ab und zu das Vergnügen gönnen, ein größeres Stück nach Urväterart zu zerzausen. Diese natürliche Freßweise ist eine ausgezeichnete Gymnastik für Muskeln und Gebiß.

Als pflanzliches Futter sind *Futterflocken* besonders zu empfehlen, weil sie sehr vielseitig zusammengesetzt sind und ohne Kochen verdaut werden können. Mit dem angebrühten Fleisch und etwas Wasser vermischt, ergeben sie auf einfache Weise eine bekömmliche und gut zusammengesetzte Mahlzeit. Das Futter wird dickbreiig, nie suppig, zubereitet. Es darf nie eiskalt gereicht werden. *Gemüse* sollte mit einer Gabel zerdrückt, *Rohkost* muß fein zerkleinert werden. Hülsenfrüchte und Kohl müssen wir allerdings selbst »verwerten«; sie sind für Hunde schwer verdaulich und verursachen Blähungen. Es schadet nichts, wenn diese Essensreste leicht gesalzen sind. Der Hund braucht Kochsalz für eine einwandfreie Nierentätigkeit. *Brot,* insbesondere gut durchgebackenes Roggenbrot, eignet sich vorzüglich als Ergänzungsfutter. Es soll aber nicht eingeweicht werden. Der Futterplan wird durch Hundekuchen sowie die erforderlichen Vitamin- und Mineralstoffgaben vervollständigt. Auf diese Weise ergibt sich bald ein eigenes, auf Haus, Hund und Geldbeutel abgestelltes Spezialrezept, bei dem sich's für den Hund gut leben läßt.

Fertigfutter

Die Eigenproduktion wird in dem Maße, wie die häuslichen Verhältnisse es erfordern und der Gaumen des Hundes es zuläßt, mit Fertigfutter ergänzt. Dieses Futter ist für lange Wochenenden, als Notvorrat und auf Reisen besonders gut geeignet. Der Hund sollte daher in jedem Fall daran gewöhnt werden. Die gegen Fertigfutter bestehenden Vorurteile sind überholt. Durch moderne Konservierungsverfahren werden die Vitamine weniger geschädigt, als durch haushaltsübliches Kochen. Fertigfutter entspricht in Eiweißanteil und Zusammensetzung den wissenschaftlichen Erkenntnissen. Auf den Packungen ist die Zusammensetzung angegeben, so daß dem Käufer Vergleichsmöglichkeiten gegeben sind. Nur sehr schwer wird man bei eigenen Futterzubereitungen die Ausgewogenheit des Fertigfutters erreichen. Nur ein Argument kann dagegen vorgebracht werden: Artgemäß frißt der Hund Rohes, nicht Gekochtes.

Dosenfutter wird entweder nur aus tierischen Erzeugnissen oder aber unter Zusatz von stärkehaltigen Nährmitteln hergestellt. Reine »Fleisch«-Konserven sollen durch Zugabe von Flocken, Reis oder Gemüse ergänzt werden. Die Mischerzeugnisse (»Vollnahrung«) haben bereits eine ausgewogene Nährstoffzusammensetzung. Sie enthalten ein Drittel und mehr Eiweiß. Geschwächte, kranke Hunde sollten nicht plötzlich auf Dosenfutter umgestellt werden. Sie reagieren bisweilen mit Durchfall.

Paketfutter besteht entweder aus einem erhitzten, geformten Fleisch-Nährmittelgemisch oder aus einer Mischung von Trockenfleisch mit pflanzlichen Erzeugnissen. Auch diese Futtermittel enthalten ein ausgewogenes Eiweiß-Kohlehydrat-Fett-Verhältnis mit 25 bis 40% Fleisch. Zu den keks- oder ringförmigen Produkten muß in einem Extranapf Wasser zur beliebigen Aufnahme angeboten werden. Die Fertigfuttermischungen werden mit warmem Wasser, mit ungesalzener Fleischbrühe oder bei Junghunden mit Milch zu einem Futterbrei angerührt. Sie werden allgemein gern gefressen und sind gut bekömmlich.

Hundekuchen werden aus pflanzlichen und tierischen »Mehlen« in verschiedenen Größen und Härtegraden hergestellt. Sie sollten in keinem Futterplan fehlen. Zur Pflege der Zähne leisten sie gute Dienste. Bei Junghunden hat es sich bewährt, zur Förderung der nächtlichen Stubenreinheit abends Hundekuchen zu füttern.

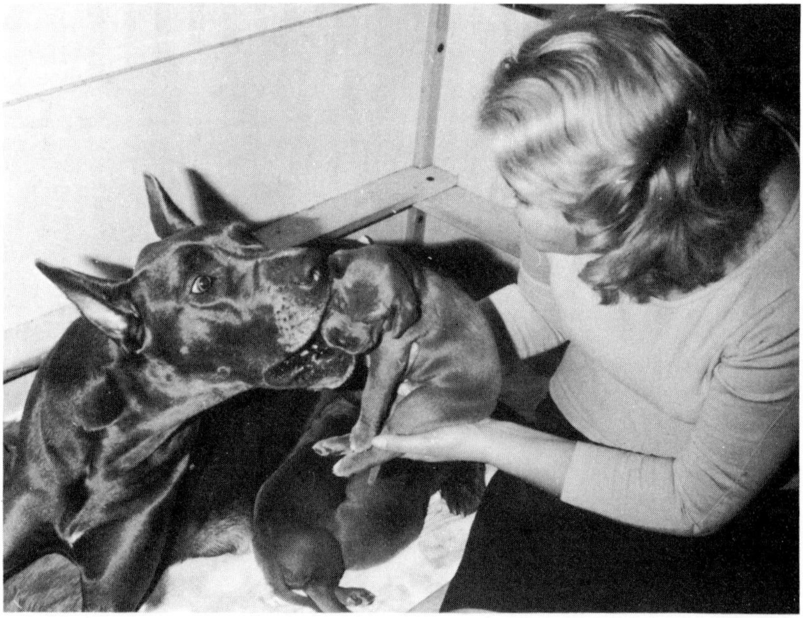

 Die stolze Mutter.

Die Futterzeiten

dienen nicht nur der Erziehung, sondern auch der Gesundheit. Der Junghund hat einen regen Stoffwechsel. Es wäre ihm unmöglich, die Tagesfuttermenge auf einmal aufzunehmen. Die Futterlast würde darüber hinaus Bänder und Gelenke überdehnen. Bis zum Alter von sechs Monaten, also bis zum Abschluß des Zahnwechsels, erhält er daher mindestens drei Mahlzeiten, und zwar morgens, mittags und nachmittags. Dann fällt die letzte Mahlzeit weg: Bis zum Abschluß des Größenwachstums mit 15 bis 18 Monaten wird der Hund zweimal täglich gefüttert. Der *erwachsene* Hund soll *nur eine Mahlzeit* täglich erhalten. Als »Tischzeit« hat sich zum Zwecke einer geregelten Verdauung der späte Vormittag bewährt. »Nebenbei« wird in keinem Alter und zu keiner Zeit genascht!

Die Ration

Der Hundehalter hat keine Diättabelle mit Kalorienangaben der einzelnen Futtermittel. Die ernährungsbestimmenden Faktoren können im einzelnen nicht voll erfaßt werden: Neben körperlichen Leistungen, Wachstum, Alter, Größe und Gewicht spielt die individuelle Veranlagung eine wesentliche Rolle. Bei Nutztieren hat man zur Mast besonders geeignete Rassen herausgezüchtet. Beim Menschen gibt es starke Esser, die schlank bleiben und (seltener) Dicke, die wenig essen. Dies hängt unter anderem mit der Funktion der Schilddrüse und der Verdauungsorgane zusammen. Ebenso gibt es unter den Hunden gute und schlechte Futterverwerter. Auch Umwelt- und Haltungsbedingungen beeinflussen den Nährstoffbedarf: So ist bei Zwingerhaltung im Winter ein erhöhter Energiebedarf zur Erhaltung der Körperwärme erforderlich. Jede Mengenangabe ist also mit Vorsicht zu genießen, so auch die folgenden Anhaltswerte für normal veranlagte Hunde bei durchschnittlicher Beanspruchung:

Welpe Körpergewicht in kg	Junghund Körpergewicht in kg	Erwachsener Körpergewicht in kg	Fleisch und Flocken in g	Dosen-Misch-Futter in g	Trockenfutter in g
7			600+180	1250	300
10	15		750+225	1700	380
	25		1100+340	2500	590
	35	55	1400+410	3000	700
		65	1500+450	3300	770
		70	1600+470	3500	810
			zuzüglich Wasser		zuzüglich Wasser

Besser als die Briefwaage ist allemal das Fingerspitzengefühl bei der Zuteilung der Ration. Bei einem mageren Hund kann man unbedenklich etwas Futter zulegen; zeigt sich dagegen Rippenspeck, muß Futter abgezogen werden. Die Rippen dürfen optisch nicht hervortreten, müssen aber mit der flach aufgelegten Hand deutlich fühlbar sein. Welpen erscheinen leicht dicker, als sie tatsächlich sind. Sie sollen etwas Babyspeck haben, um Kinderkrankheiten besser überstehen zu können. Bei regelmäßiger Fütterung fressen sie sich satt, ohne zu viel zu fressen. In jedem Alter erhält der Hund nur das, was er zu der betreffenden Mahlzeit frißt. Auch bei Hunden werden Fresser nicht geboren, sondern erzogen. Den gefüllten Napf läßt man höchstens eine halbe Stunde stehen. Futterreste gehören mit Ausnahme nicht verunreinigten Trockenfutters in den Mülleimer.

Das *Trinken* gehört beim Menschen bekanntlich zum Essen. Anders beim Hund: Bei normal feuchter Nahrung trinkt er kaum. Nur bei besonderer Wärme, nach Anstrengungen, zum Trockenfutter und bei altersbedingtem Nachlassen der Nierenfunktion muß er zusätzlich Wasser aufneh-

Auf der Ausstellung in gekonnter Pose.

men. Auf jeden Fall trinkt er nur so viel, wie er braucht. Er entwickelt sich nicht zum Gewohnheitstrinker. In einem sauberen Extranapf soll daher ständig frisches verschlagenes (nie eiskaltes) Wasser zur beliebigen Aufnahme angeboten werden, damit der Hund die tatsächlich benötigte Flüssigkeitsmenge aufnehmen kann.

Gesundheit

»Der Züchter liefert den Welpen, der Aufzüchter macht den Hund.« Ein altes, aber wahres Wort! Artgerechte Haltung, Pflege und Ernährung sind die Voraussetzungen für eine gesunde Entwicklung. Dabei soll Gesundheit mehr sein als »Freisein von Krankheiten«. Sie soll Widerstandskraft gegen Infektionen einschließen. Das seelische Wohlbefinden ist so wichtig, wie das körperliche.
Der gesunde Hund ist kräftig und ausdauernd. An seiner Umgebung nimmt er lebhaft und aufmerksam Anteil. Die Augen blicken ungetrübt in die Welt. Der Appetit ist gut, der Durst gering. Er produziert festgeformte dunkle Würste ohne unverdaute Futterteile. Das Fell ist glatt, glänzend und anliegend. In der Ruhe atmet er 10- bis 20mal, das Herz schlägt 70- bis 100mal, die Körpertemperatur liegt um 38,5 °C.
Die Gesundheit des Hundes erfüllt den Besitzer mit Freude und Befriedigung. Er hat seinen Teil dazu beigetragen und wird sich bemühen, das auch weiterhin zu tun.

Vorbeugen ist besser als Heilen

Haarkleid und *Haut* sind der Schutz gegen die Unbill des Wetters. Zweimal im Jahr legt sich der Hund ein neues Kleid zu. Besonders im Frühjahr, wenn das dichte Winterfell abgestoßen wird, kann es in der Wohnung haarig werden. Hier hilft nur Bürsten. Empfehlenswert ist eine harte Borstenbürste. Auch zwischen den Haarwechseln wird der Hund täglich gebürstet. Das ist seine als Wohltat empfundene tägliche Dusche.
Baden ist nicht nur überflüssig, sondern kann auch leicht Schaden anrichten. Der schützende Säuremantel der Haut wird zerstört. Das entfettete Haar kann leichter naß werden. Erkältungsgefahren werden provoziert. Es gibt nur einen Grund für ein Bad: Der Hund hat sich durch den Duft verleiten lassen, sich in einem Kothaufen oder Kuhfladen zu suhlen. Das beleidigt die Nasen der Familienangehörigen. Der Hund muß in die Wanne. Er wird lauwarm geduscht und mit einem milden Shampoo, badedas oder speziellen Hundeshampoos, nie jedoch mit Seife oder

Spülmittel abgewaschen. Der Schaum muß gründlich ausgespült werden, bis das Haar zwischen den Fingern »knirscht« und sich nicht mehr »seidig« anfühlt. Mit leicht saurem Essigwasser (3 Eßlöffel auf 10 l) wird nachgespült. Anschließend wird das Fell mit Frotteetüchern möglichst trockengerieben. Natürlich darf der Hund nicht ins Freie, bevor nicht an einem warmen, zugfreien Ort auch seine Unterwolle völlig trocken geworden ist.

Etwas ganz anderes ist das Baden in freier Natur. An heißen Sommertagen kann man der Dogge unbesorgt eine Erfrischung gönnen. Die erwähnten Schutzeinrichtungen von Haut und Haar werden vor einer Erkältung bewahren.

Trockenshampoo eignet sich ebenfalls zur Reinigung des Felles. Die Reste müssen gut ausgebürstet werden, da sie sonst die Haut reizen. Wenn der Hund ständig »nach Hund riecht« oder einen unnatürlich starken Haarausfall hat, versuche man nicht, dieses Übel durch Baden aus der Welt zu schaffen. Wenn nicht eine starke Fütterung mit Pferdefleisch für den Geruch verantwortlich sein kann, wird eine Hautkrankheit vorliegen.

Die *Ohren* sollten zur Verhütung von Entzündungen (Ohrenzwang) etwa alle vier Wochen gereinigt werden. Bei einer Reinigung mit Öl und Wattestäbchen kann das Trommelfell kaum verletzt werden, weil der Gehörgang vorher einen Knick nach innen macht; aber hinter diesem Knick wird eher das Ohrschmalz zusammengestopft, als daß es nach außen befördert würde. Deshalb ist es besser, den äußeren Gehörgang mit einem Ohr-Reinigungsmittel auszuwaschen, das die Ohrschmalzreste löst. Das Mittel wird randvoll eingefüllt. Mit der linken Hand wird die Ohrmuschel zugedrückt, die rechte massiert von außen den Gehörgang. Schmutz und Schmalz werden dann durch kräftiges Schütteln vom Hund selbst nach draußen befördert. Es empfiehlt sich daher, zur Ohrreinigung ins Freie zu gehen.

Dunkle Färbung und übel-muffiger Geruch des zutage kommenden Ohrenschmalzes deuten auf eine Entzündung hin, die der Hund durch Kopfschütteln und Kratzen selbst anzeigt. Verbreitet sind Entzündungen durch Ohrmilben, die in den Gehörgängen schmarotzen und dabei die Haut reizen und verletzen. Grasgrannen können sich im Gehörgang einklemmen. Bei alten Hunden können Warzen auftreten. Bakterien und Pilze komplizieren die Entzündung. In diesen Fällen muß der Tierarzt die Behandlung übernehmen.

Werde ich Sieger?

In den *Augen* bildet sich besonders nach dem Schlaf ein Schleimpfropf. Er wird mit einem Stückchen Mullbinde oder einem Leinenläppchen entfernt. Fusseln von Watte oder Papiertaschentüchern würden die Schleimhäute reizen. Bindehautentzündungen können auch durch Zugluft, Staub oder UV-Strahlen verursacht werden. Zur Linderung sollten frühzeitig Augentropfen in die heruntergezogenen Bindehautsäcke eingebracht werden. Borwasser kann Reizungen verursachen und wird daher heute nicht mehr angewendet. Eitrige oder länger dauernde Entzündungen sind ein Fall für den Tierarzt. Bei gleichzeitig gestörtem Allgemeinbefinden (Appetitlosigkeit, Fieber) kann eine Infektion wie die Staupe vorliegen. Häufig bilden sich auf der Rückseite des dritten Augenlides, der Nick-

haut, himbeerartige, entzündliche Wucherungen, die meistens operativ entfernt werden müssen.
Chronische Augenentzündungen können auch durch anatomisch fehlerhafte Augenlider verursacht werden. Wenn das Lid dem Augapfel nicht eng anliegt, ist die Selbstreinigung gestört. Bei einem eingerollten Lid reiben die Haare im Auge. Solche Fehler treten bei Doggen und einigen anderen Rassen häufiger auf. Sie können durch »kosmetische« Operationen behoben werden.
Zur Pflege der *Zähne* genügen im allgemeinen Hundekuchen und Knochen. Sie machen Reinigungspulver oder Zähneputzen überflüssig. Bei Zahnsteinbildung können die Zähne ein- bis zweimal wöchentlich mit einem Wattebausch abgerieben werden, der mit 3%iger Wasserstoffsuperoxyd-Lösung getränkt wird. *Zahnstein* ist ein meist fest anhaftender Belag aus Salzen und Speiseresten, der besonders beim älteren Hund Entzündungen mit fauligem Mundgeruch verursacht und zu Vereiterungen der Zahnwurzeln und zu Zahnausfall führen kann. Solche Eiterherde können den ganzen Körper vergiften. Zahnstein sollte daher rechtzeitig entfernt werden. Lose Zähne müssen gezogen werden. Da der Hund keine Beute jagen, festhalten oder zerreißen muß, kann er auf schmerzende Zähne gut verzichten. Er wird sich nach der Entfernung der Eiterherde bald wohler fühlen. *Milch-Hakenzähne,* die beim Zahnwechsel nicht ausfallen, müssen gezogen werden, da sie zu Stellungsfehlern im bleibenden Gebiß führen können.
Rutschen auf dem Hinterteil ist meistens nicht auf Würmer, sondern auf Erkrankungen der *Analbeutel* zurückzuführen. Diese »Duftdrüsen« dienen eigentlich zur Revierkennzeichnung. Infolge der Domestikation funktioniert die Entleerung häufig nicht mehr richtig. Sekretstauungen und Entzündungen mit starkem Juckreiz sind die Folge. Diesen Juckreiz versucht der Hund erfolglos durch »Schlittenfahren« und Knabbern an Hinterläufen und Kruppe zu beheben. Die Analbeutel müssen durch Menschenhand entleert werden: Bei senkrecht hochgehaltener Rute wird beiderseits des hervortretenden Afters Druck auf den Enddarm zu ausgeübt; zum Auffangen des austretenden, stinkenden Sekretes muß dabei Watte oder Papier vor den After gehalten werden. Bei tiefliegenden oder stark entzündeten Drüsen ist eine tierärztliche Lokalbehandlung erforderlich.
Normaler Auslauf macht ein Schneiden der *Krallen* überflüssig. Nur bei weichem Boden, bei krankhaftem Hornwachstum und bei Stellungsfeh-

lern ist ein Kürzen erforderlich. Das sollte erfahrenen Personen überlassen bleiben, weil das in der Kralle verlaufende Blutgefäß nach Möglichkeit nicht angeschnitten werden soll. Gelegentlich vorkommende »*Wolfskrallen*« (Überbleibsel der an sich verkümmerten fünften Zehe an den Hinterläufen) sollten vorsorglich operativ entfernt werden, da sie zu stark blutenden Verletzungen führen können. Im Winter müssen *Streusalzreste* nach dem Spaziergang von den Pfoten abgewaschen werden. Sie verursachen schmerzhafte Entzündungen. Die Ballen und Zehen werden mit Puder eingestäubt, ausgetrocknete rissige Ballen mit einer Fettsalbe eingerieben.

Ungebetene Gäste im Fell

sind *Hundeflöhe* und *Läuse.* Bei Juckreiz müssen als erstes Fell und Haut auf Parasitenkot (schwarze Pünktchen an den Haaren) und Flohstiche abgesucht werden. Lieblingssitze von Flöhen und Läusen sind die Innenflächen der Hinterschenkel, die »Achselhöhlen« und die Ohrmuscheln. Zur Abtötung der »Ektoparasiten« können Puder, Sprays oder Waschlösungen (am wirksamsten) angewandt werden. Die Gebrauchsanweisungen sind genau zu beachten, da das Ablecken der Mittel zu Vergiftungen führen kann. Für etwa drei Monate kann der Hund auch durch »Anti-Floh-Halsbänder« gegen Parasiten geschützt werden. Diese Halsbänder geben aufgrund der Körperwärme einen Wirkstoff ab. In engen Räumen (Hundehütte) kann eine auch für den Hund bedenkliche Konzentration des Giftes auftreten. Im Wald und auf der Heide lassen sich *Zecken* aus dem Unterholz auf den Hund fallen. Sie beißen sich in der Haut fest und saugen erhebliche Blutmengen. Schließlich sehen sie aus wie ein prallgefülltes, bis zu kirschkerngroßes, braunes Säckchen. Diese »Holzböcke« dürfen nicht einfach abgerissen werden, weil dann die Beißwerkzeuge in der Haut stecken bleiben und Entzündungen verursachen. Man betäubt sie mit Alkohol oder hüllt sie etwa zehn Minuten in Öl ein. Dann werden sie mit vorsichtig drehendem Zug aus der Haut entfernt. Einfach und wirkungsvoll werden Zecken und andere Ektoparasiten durch einen desinfizierenden Spray abgetötet, der pflanzliche insektizide Substanzen enthält, die schnell zerfallen und für Säugetiere unbedenklich sind.

Unerwünschte Kostgänger

Fast alle Welpen werden schon im Mutterleib mit *Spulwürmern* infiziert. Sie sollten daher bei Abgabe durch den Züchter bereits Wurmkuren hinter sich haben. Spulwürmer können bei Junghunden zu Verdauungs- und Entwicklungsstörungen und zu Vergiftungen führen. Vorsichtshalber können Wurmkuren nach drei, sechs und zwölf Monaten wiederholt werden. Vertrauen Sie dabei den wirksamen, verschreibungspflichtigen Mitteln; rohe Möhren alleine können keine Wurmfreiheit garantieren. Ältere Hunde beherbergen im allgemeinen nur noch vereinzelte oder gar keine Spulwürmer, da sie Abwehrstoffe gebildet haben. Für chronische Verdauungsbeschwerden wie regelmäßig wiederkehrender oder unstillbarer Durchfall können andere Darmschmarotzer — Kokzidien (einzellige Schleimhautparasiten), Hakenwürmer oder Peitschenwürmer — verantwortlich sein. Eine Kotuntersuchung kann näheren Aufschluß geben; die Behandlung muß nach tierärztlicher Verordnung erfolgen.
Kürbiskernförmige, anfangs noch bewegliche Gebilde im Stuhl sind Glieder des *Hundebandwurmes.* Bandwürmer brauchen für ihre Entwicklung einen Zwischenwirt. Für den Hundebandwurm ist dies der Hundefloh, der die Bandwurmeier aufnimmt. Im Floh entwickelt sich die Finne, die beim »Flohknacken« vom Hund aufgenommen wird und zum fertigen Bandwurm auswächst. Im Zuge der tierärztlich verordneten Bandwurmkur müssen Hund und Lager daher auch gegen Ektoparasiten behandelt werden. Besonders bei Jagdhunden kann außerdem der gesägte Bandwurm auftreten, dessen Zwischenwirte Hasen und Kaninchen sind. Andere Bandwurmarten, die durch Fisch, Rinder- und Schafeingeweide oder Mäuse und Ratten übertragen werden, kommen seltener vor.

Der Impfplan

Infektionserreger bedrohen Gesundheit und Leben des Hundes. *Staupe* und *ansteckende Leberentzündung* sind Viruserkrankungen, die zwar für Junghunde besonders gefährlich sind, aber auch ältere Hunde befallen. Die früher übliche einmalige Impfung der Junghunde ist heute nicht mehr ausreichend. Da die Krankheiten seltener geworden sind, fehlt der häufige Kontakt mit den Erregern und damit die natürliche Auffrischung des Impfschutzes. Der Käufer eines Hundes muß im Impfpaß prüfen, ob der Hund nicht etwa nur einen »passiven« Serumschutz für zwei bis drei

Wochen erhalten hat. In diesem Fall müßte zweimal »aktiv« nachgeimpft werden. Wiederholungsimpfungen sind für die Deutsche Dogge besonders wichtig, weil sie zu den staupeanfälligeren Rassen gehört.
Die *Stuttgarter Hundeseuche* ist eine durch Bakterien (Leptospiren) hervorgerufene und von Hund zu Hund übertragbare Seuche. Die meisten Impfstoffe schützen gleichzeitig gegen die Erreger der Weil'schen Krankheit, die durch Mäuse- und Rattenharn übertragen wird. Schließlich kann und soll der Hund gegen *Tollwut* geimpft werden. Die modernen Impfstoffe sind für Hunde außerordentlich gut verträglich. Sie vermitteln einen ein- bis zweijährigen Impfschutz. An die Bedeutung der Impfung in Seuchen-Verdachtsfällen, für Ausstellungen und Auslandsreisen und nicht zuletzt zum Schutze des Menschen sei an dieser Stelle erinnert. Nur gesunde Hunde bilden einen ausreichenden Impfschutz. Deshalb müssen Welpen und Junghunde vorher entwurmt werden. Kranke Hunde sind von der Impfung zurückzustellen. Nach der Impfung sollte das Futter zwei Wochen lang besonders hochwertiges Eiweiß (beispielsweise Ei, Quark, Muskelfleisch, Herz) enthalten.

Man unterscheidet: die Impfung gegen *Staupe* (S), die Impfung gegen *Leptospirose* (L), die Doppelimpfung gegen *Staupe* und *Hepatitis* (SH), die Dreifachimpfung gegen alle genannten *Infektionen* (SHL), die Vierfachimpfung *(SHL* und *Tollwut)* und die Impfung gegen *Tollwut* (T).

Folgender *Impfplan* gibt die Gewißheit, daß der Hund ausreichend geschützt ist:

Alter:	7 Wochen	12 Wochen	4 Monate	1, 3, 7, 9 Jahre	2, 4, 6, 8 Jahre
Impfung:	SHL	SHL	T	SHLT	LT

Erste Hilfe tut not

Bei *Unfällen* ist Ruhe die erste Bürgerpflicht. Bei bedrohlich erscheinenden Situationen wird umgehend ein Tierarzt aufgesucht. Er sollte telefonisch verständigt werden, um die erforderlichen Vorbereitungen treffen zu können. Das Telefonat kann vergebliche Wege und damit wertvolle Zeit ersparen. Erste Hilfe wird nur geleistet, wenn sie unumgänglich ist, nicht länger als der Weg zum Tierarzt dauert oder alleine ausreichende Hilfe verspricht.

Bei *oberflächlichen Hautverletzungen* werden in der Umgebung die Haare mit einer gebogenen Schere abgeschnitten. Sie verkleben sonst mit dem Wundsekret und verursachen Eiterungen. Abschürfungen werden mit einem Wundgel bestrichen. Puder bildet mit dem Wundsekret Krusten, welche die Heilung beeinträchtigen. Bei Durchtrennung der Haut sollte umgehend tierärztlicher Rat eingeholt werden, weil die Wunde nur in den ersten Stunden mit Aussicht auf komplikationslose Heilung genäht werden kann. Bei Beißereien und Stacheldrahtverletzungen wird häufig die Haut vom Körper abgerissen, so daß tiefe Taschen entstehen. Sie müssen sachgerecht versorgt werden. Verletzungen können bis zur endgültigen tierärztlichen Versorgung mit einem Notverband ohne Puder oder Salbe geschützt werden. Durch Belecken wird die Wundheilung nicht gefördert, sondern behindert. Wundsekrete werden zwar entfernt, mit ihnen aber auch die zarten Heilungszellen am Wundrand. Das Belecken von Wunden und das Abreißen von Verbänden kann durch einen Halskragen verhindert werden: Aus einem Plastikeimer wird der

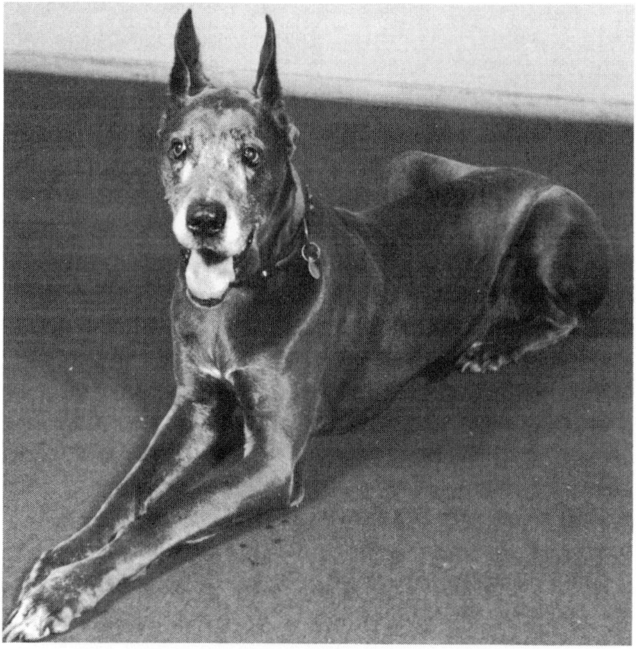

Auch noch im Alter liebenswert.

Boden herausgeschnitten. Die Kanten werden abgepolstert und Löcher gebohrt. Mit Bindfäden wird die Manschette (die große Öffnung zur Nase hin) am Lederhalsband festgebunden.
Zerschellte Glasflaschen sind häufig Ursache stark blutender Pfotenverletzungen. Der Lauf wird erforderlichenfalls so stark abgebunden, bis kein Blut mehr austritt. In halbstündlichem Abstand ist die Abbindung kurz zu lösen. Umgehend wird der Tierarzt aufgesucht, denn meistens ist Naht oder Verband erforderlich.
Gehirnerschütterungen und innere Verletzungen können zu *Bewußtseinstrübungen* führen. In diesem Fall darf nie Flüssigkeit eingeflößt werden. Die Maulschleimhaut kann zur Anregung der Herztätigkeit mit kaffee- oder teegetränkter Watte befeuchtet werden. Der Hund wird seitlich mit tiefliegendem Kopf und herausgezogener Zunge auf einer Decke gelagert, die als »Tragbahre« dient. Diese *Hängemattentrage* gestattet auch einen schonenden Transport bei *Knochenbrüchen.* Ein entsprechender Verdacht liegt nahe, wenn ein Bein überhaupt nicht belastet wird und abnorm beweglich ist. Wenn der Tierarzt nicht schnell erreichbar ist, hält eine Notschienung den Bruch ruhig und verringert die Schmerzen, zum Beispiel Pullover oder Watte zum Abpolstern — zur Kühlung mit kaltem Wasser durchnäßt — zwei Stöcke zum Versteifen, Tuch, Binden oder Leukoplast zum Fixieren.
Bei *Lahmheiten* wird als erstes die Pfote untersucht. Dornen oder Splitter werden mit einer Pinzette herausgezogen. Verfilzte Haare zwischen den Ballen werden vorsichtig abgeschnitten; sie drücken wie ein Stein im Schuh. Eine eingerissene Kralle schmerzt stark; der lose Teil sollte beherzt abgeschnitten oder ein Notverband angelegt werden. Wunde Stellen werden mit Heilsalbe behandelt. Bei Krallenbettentzündungen können warme Seifenbäder Linderung bringen, häufig ist jedoch ein Verband erforderlich. Unsachgemäß angelegte Pfotenverbände können böse Hautwunden verursachen. Man sollte sie dem Fachmann überlassen.
Bei *Schwellungen, Prellungen* und *Verstauchungen* kann das Fell des betroffenen Körperteiles mit kaltem Wasser durchnäßt werden. Das wirkt wie ein Kühlverband, hemmt weitere Schwellungen und lindert den Schmerz. In leichteren Fällen kann tierärztliche Hilfe entbehrlich werden.
Vergiftungen beruhen meistens auf Unachtsamkeit des Menschen oder Freßlust des Hundes. Absichtliche Vergiftungen gehören zu den absoluten Ausnahmen. Giftig sind insbesondere *Rattengift* (Cumain, Thallium, Zinkphosphid, Arsen), *Schädlingsbekämpfungsmittel* (Phosphorsäure-

ester, E 605, Castrix-Giftkörner), *Schneckenbekämpfungsmittel* (Meta-Hartspiritus) und *Frostschutzmittel* (zum Beispiel Glysantin), von Strychnin und Blausäure ganz zu schweigen — sie sind so giftig, daß meistens jede Hilfe zu spät kommt, werden aber kaum noch angewendet.

Vergiftungsverdacht ist begründet, wenn plötzlich Erbrechen und Durchfall bei zunehmender Mattigkeit auftreten. Vergiftungen sind immer lebensbedrohend, selbst wenn das erste Stadium überstanden ist. Häufig treten Spätschäden auf, die erst eine genaue Unterscheidung und gezielte Behandlung ermöglichen. Die Überlebenschancen sind erheblich höher, wenn die Giftart von vornherein bekannt ist. (Packung, Beschreibung und dergleichen mit zum Tierarzt nehmen.)

Lebensrettend kann eine rasche erste Hilfe sein. Es muß versucht werden, das Gift aus dem Magen herauszubefördern, bevor es in den Körper übergeht. Zu diesem Zweck werden dem Hund zwei bis drei Teelöffel Salz eingegeben (Fang aufhalten und Salz hinter den Zungengrund löffeln, dann Kopf hoch- und Fang zuhalten). Das wird in den meisten Fällen Erbrechen auslösen. Vor Milch sei als Gegengift gewarnt, weil verschiedene Gifte fettlöslich sind. Zur Bindung von Giftresten ist eine Aufschwemmung von sechs bis zehn Kohlekompretten besser geeignet. Sie wird dem Hund nach dem Erbrechen eingeflößt.

Zur Ersten Hilfe im weiteren Sinne kann man die Behandlung bekannter, einfacher Störungen rechnen. Sie müssen von ernsthaften Erkrankungen, die tierärztliche Behandlung erfordern, unterschieden werden. Wichtigstes Instrument dazu ist das *Fieberthermometer.* Die *Hundenase* ist kein geeignetes Hilfsmittel. Sie kann auch beim gesunden Hund bisweilen warm und trocken und bei schwerer Erkrankung feuchtkalt sein. Die innere Körpertemperatur des Hundes wird drei bis fünf Minuten im Mastdarm gemessen. Sie beträgt 37,5 bis 39,0 °C. Bei kurzzeitig erhöhter Temperatur bis 39,3 °C kann zunächst noch abgewartet werden. Steigt die Quecksilbersäule höher, so muß der Hund in tierärztliche Behandlung.

Erkältungen wie beim Menschen treten beim Hund selten auf. Entsprechende Erscheinungen beruhen meistens auf Infektionen. Bei erhöhter Temperatur könnte zum Beispiel Staupe oder Zwingerhusten vorliegen. Eitriger Nasenausfluß ist stets ein Alarmzeichen. Ein hustenähnliches Krächzen (»als ob ein Knochen im Hals säße«) deutet meistens auf eine Mandelentzündung hin. Bei erschwerter Atmung wird die Lunge beteiligt sein. Bei alten Hunden kann auch Herzschwäche zu chronischem Husten führen. »Erkältungen« sind also kein Fall für die Hausapotheke.

Verdauungsstörungen lassen sich dagegen häufig durch Diät-Maßnahmen beheben. Bei hartem Stuhl können rohe Leber oder Milz oder drei bis fünf Teelöffel 10%ige Dosenmilch als milde Abführmittel gegeben werden. Bei reichlicher Knochenfütterung kann der Knochenschrot im Mastdarm eine so hartnäckige Verstopfung verursachen, daß auch stärkste Abführmittel nicht helfen, sondern Einläufe unter tierärztlicher Kontrolle erforderlich werden. *Durchfall* ohne Fieber ist häufig durch einen Fastentag zu bessern, an dem der Hund ausschließlich verdünnten schwarzen oder Pfefferminztee mit einer kleinen Prise Salz erhält. Keinesfalls darf versucht werden, Durchfall durch Wasserentzug zu behandeln. Der Körper würde infolge des Flüssigkeitsverlustes austrocknen. Eine weitere Normalisierung des Stuhlganges kann durch mehrmalige Fütterung kleiner Mengen eines Futterbreis aus Beefsteakhack, Schmelzflocken und rohem geriebenen Apfel mit zwei bis drei Kohlekompretten erreicht werden. Mexaform und ähnliche Mittel dürfen beim Hund nicht angewendet werden. Sie können unstillbare Nierenblutungen verursachen. Wenn ein Durchfall in zwei bis drei Tagen nicht deutlich gebessert wird oder von Fieber begleitet ist, muß der Hund in tierärztliche Behandlung. *Erbrechen* ist keine selbständige Krankheit, sondern kann verschiedene Ursachen haben. Gelegentliches Erbrechen ist beim Hund ohne große Bedeutung. Zur Reinigung des Magens von Knochenresten oder aufgenommenen Haaren fressen Hunde häufig schilfartige Gräser, die sie dann kurze Zeit später wieder ausbrechen. Ein natürlicher Vorgang, bei dem die Fremdkörper von den Gräsern umwickelt und zutage befördert werden. Bei Fieber sowie regelmäßig wiederkehrendem oder heftigem Brechreiz können Infektionen, Vergiftungen oder schwerere Verdauungsstörungen vorliegen.
Bei der »*Scheinschwangerschaft*« bilden sich manche Hündinnen etwa acht Wochen nach der Läufigkeit ein, Welpen zu haben: Sie werden unruhig und »bemuttern« irgendwelche Gegenstände. In das Gesäuge schießt Milch ein. Abhilfe schaffen meistens wenig Fressen und Trinken bei viel Bewegung und Beschäftigung. Zusätzlich wird das Gesäuge mehrmals täglich mit kaltem Wasser befeuchtet, um Schwellung und Milchproduktion zu hemmen. Keineswegs sollte Milch ausgedrückt werden, um die Milchbildung nicht anzuregen. Die genannten Maßnahmen sollten schon beim ersten Auftreten der Erscheinungen ergriffen werden und müssen in etwa zwei Wochen zum Erfolg führen.

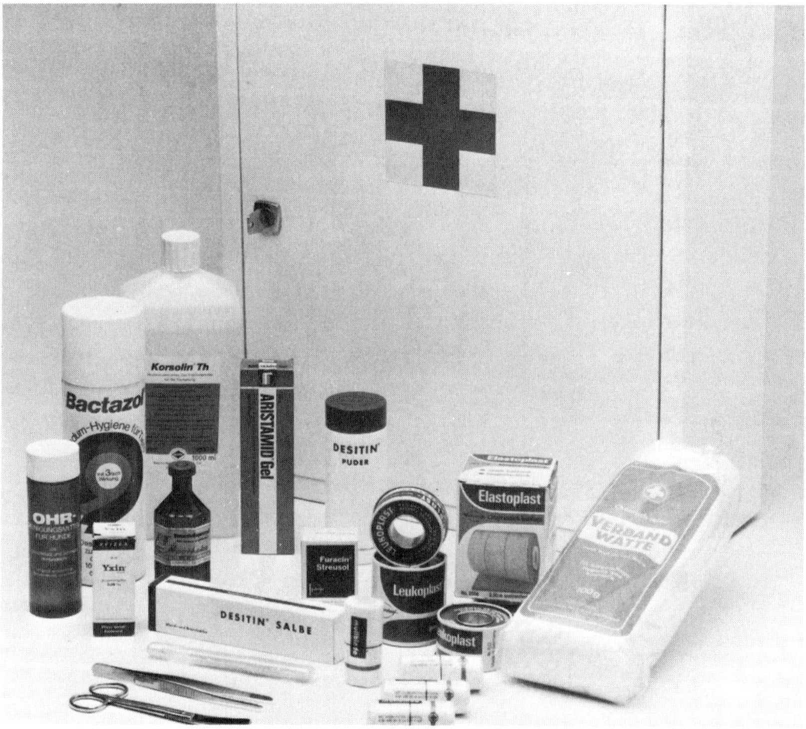

Hausapotheke.

Kleine Hausapotheke für den Hund

Zur Pflege, Vorbeuge und Ersten Hilfe sollten einige Instrumente (Fieberthermometer, gebogene Schere) und Medikamente (wie Jodtinktur, Wundgel, Heilsalbe, Neo-Ballistol-Öl, Kinderöl oder Ohrreinigungsmittel, Kohlekompretten, Augentropfen, 3%iges Wasserstoffsuperoxyd, Piperazinpaste, Watte, Wattestäbchen, Mullbinden) bereitgehalten werden. Sie sind kindersicher, kühl und trocken aufzubewahren. Wenn unser Hund zur Reisekrankheit oder zu Verdauungsstörungen neigt oder unter Rheuma leidet, werden zusätzlich die tierärztlich verordneten Mittel vorrätig gehalten, um schnell Hilfe leisten zu können. Vitamin- und Mineralstoffpräparate werden dort aufbewahrt, wo sie gebraucht werden: in der »Futterküche«.

Zehn Tips für den Besuch beim Tierarzt

1. Nach Möglichkeit sollte der Hund in der Praxis des Tierarztes vorgestellt werden. Dort kann eine Erkrankung besser erkannt und behandelt werden.
2. Bei Verdacht auf ansteckende Krankheiten lassen Sie sich aber vom Tierarzt einen Sondertermin geben oder bitten Sie ihn um einen Hausbesuch, um andere Hunde im Wartezimmer nicht anzustecken.
3. Mit einem unruhigen Hund wartet man besser im Auto bis man an der Reihe ist.
4. Der Hund muß systematisch dazu erzogen werden, sich untersuchen zu lassen. Manipulationen an den Ohren, Öffnen des Fanges, Fieber messen usw. können geübt werden! Auf dem Untersuchungstisch muß der Hund beruhigt werden. Dazu müssen Sie selbst ruhig bleiben, erforderlichenfalls aber auch energisch werden.
5. Der Hund kann nicht sprechen. Daher müssen Sie Krankheitserscheinungen und -dauer genau schildern. Das erleichtert dem Tierarzt die Diagnose.
6. Bei Verdauungsstörungen ist die Beschaffenheit des Kotes genau zu beschreiben. Es ist nie verkehrt, eine Kotprobe, abgegangene Würmer oder Fremdkörper mitzunehmen.
7. Bei Verdacht auf innere Erkrankungen kann vorsorglich auch eine in einem sauberen Gefäß aufgefangene Harnprobe mitgenommen werden.
8. Bringen Sie auch den Impfpaß mit!
9. Notieren Sie die Behandlungsanweisungen; erfahrungsgemäß wird vieles nach der Aufregung des Tierarztbesuches leicht vergessen oder verwechselt.
10. Denken Sie auch an den Stolz der Dame des Tierarzthauses: Verwehren Sie Ihrem Rüden das Beinheben an den Ziersträuchern im Vorgarten nach dem Verlassen der Praxis.

Alarmzeichen

Im Rahmen dieses Buches können unmöglich Ursachen und Erscheinungen der wichtigsten Hundekrankheiten auch nur annähernd vollständig beschrieben werden. Über die bereits an anderen Stellen gegebenen Hinweise hinaus sollen aber stichwortartig wenigstens die Anzeichen schwerer, bisher nicht erwähnter Krankheiten aufgeführt werden, deren Kenntnis unter Umständen lebensrettend sein kann:
Für einen Darmverschluß oder einen Fremdkörper im Darm sprechen Erbrechen und zunehmende Mattigkeit ohne Kotabsatz. Alarmstufe I besteht bei Kolik mit Aufblähung des Bauches durch eine Magendrehung. Wenn der Bauch allmählich dicker wird, können Bauchhöhlenwassersucht, Gebärmuttervereiterung oder Tumoren die Ursache sein. Unstillbarer Durst mit oder ohne Scheidenausfluß läßt bei der älteren Hündin an eine Gebärmuttererkrankung denken. Vermehrter Durst kann auch durch Nierenerkrankungen hervorgerufen werden; wenn Mattigkeit und Mundgeruch hinzukommen, ist meistens bereits eine Harnvergiftung eingetreten. Diese Erscheinungen sind auch bei der Stuttgarter Hundeseuche zu beobachten. Auch wenn kein Harn abgesetzt wird (Harnsteine, Blasenriß, Vergiftung) besteht höchste Gefahr. Blutbeimengungen in Kot oder Urin zeigen schwerwiegende krankhafte Zustände an. Vermehrter Speichelfluß wird im harmlosesten Fall durch Fremdkörper in der Maulhöhle oder lose Zähne ausgelöst, bedenklicher wäre eine E-605-Vergiftung, schlimmstenfalls wäre an eine Tollwutinfektion zu denken. Die Färbung der Schleimhäute am Auge, im Fang und in der Scheide gibt wertvolle Hinweise auf innere Erkrankungen: Blässe deutet auf Blutarmut hin, Gelbfärbung auf Leberschäden mit Gelbsucht, punktförmige oder flächige Blutungen auf schwere Infektionen oder Vergiftungen mit verzögerter Blutgerinnung und eine bläuliche Färbung tritt bei Herz- und Kreislaufschäden auf. Wenn gleichzeitig erschwerte pumpende Atmung mit Aufblähen der Backen zu beobachten ist, besteht höchste Lebensgefahr. Bei nicht abklingenden Lahmheiten der Vorhand muß der Tierarzt röntgenologisch klären, ob eine Ablösung des Ellenbogenhöckers vorliegt. Schmerzhafte Knochenauftreibungen mit Fieber bei Junghunden müssen intensiv behandelt werden.

Anschriften, die Sie kennen sollten

Deutscher Doggen-Club 1888 e. V., Geschäftsstelle,
Tiefentaler Straße 12, 6718 Grünstadt

VDH Verband für das Deutsche Hundewesen,
Mallinckrodtstraße 26, 4600 Dortmund

Bildnachweis

Titelbild Winfried Nouč, 5106 Roetgen
Seiten 10, 12, 14, 16, 50, 54, 82, 88 Winfried Nouč, 5106 Roetgen
Seiten 20, 21, 25 Deutscher Doggen-Club 1888 e. V., 6718 Grünstadt
Seite 29 Ulla Magnusson, Hörby/Schweden
Seiten 31, 85 Pierre Wolf, Metz/Frankreich
Seite 34 Reinhard Schröder, 2134 Höperhöfen
Seite 36 Annemarie Badstein, 2057 Wentorf
Seite 37 Gregor van Eysden, 4551 Rieste
Seite 39 (oben) Ruth Külzer, Cambridge, Mass./USA
Seiten 39 (unten), 41, 48, 53 Annette Mügge, 4902 Bad Salzuflen
Seite 43 Katja Broicher, 5000 Köln
Seite 46 Klaus Wagner, 5900 Siegen
Seite 57 Alice Scheffel, 4018 Langenfeld
Seiten 61, 65 Erne Segond von Banchet, 3350 Kreiensen
Seite 63 Günter Lützow, 5000 Köln
Seite 67 Adele Gentner, 6831 Waghäusel
Seiten 68, 69, 73, 76 Walter Meyer, Anglikon/Schweiz
Seite 70 Anneliese Maier, 8000 München
Seite 93 Helga Kreußling, 4630 Bochum
Seite 97 Bacillolfabrik Dr. Bode & Co., 2000 Hamburg